普通高等教育"十四五"土建类专业系列教材

U0151835

土工试验

主　编　周　玲
副主编　夏永红　薛晓辉

西安交通大学出版社
XI'AN JIAOTONG UNIVERSITY PRESS

国家一级出版社
全国百佳图书出版单位

图书在版编目(CIP)数据

土工试验 / 周玲主编. — 西安：西安交通大学
出版社，2022.6
ISBN 978 - 7 - 5693 - 1565 - 3

Ⅰ. ①土… Ⅱ. ①周… Ⅲ. ①土工试验-高等学
校-教材 Ⅳ. ①TU41

中国版本图书馆 CIP 数据核字(2020)第 001733 号

书　　名	土工试验
	TUGONG SHIYAN
主　　编	周　玲
责任编辑	祝翠华
责任校对	李逢国
封面设计	任加盟
出版发行	西安交通大学出版社
	(西安市兴庆南路1号　邮政编码 710048)
网　　址	http://www.xjtupress.com
电　　话	(029)82668357　82667874(市场营销中心)
	(029)82668315(总编办)
传　　真	(029)82668280
印　　刷	陕西金德佳印务有限公司
开　　本	787mm×1092mm　1/16　**印张** 9.75　**字数** 187千字
版次印次	2022年6月第1版　2022年6月第1次印刷
书　　号	ISBN 978 - 7 - 5693 - 1565 - 3
定　　价	29.80元

如发现印装质量问题,请与本社市场营销中心联系。
订购热线:(029)82667874
投稿热线:(029)82664840
读者信箱:xj_rwjg@126.com

前　言

　　"土工试验"是根据应用型大学土木工程、建筑工程、道路桥梁工程、勘察技术与工程、环境工程等专业对本科生的培养计划以及教学大纲对土工试验与工程检测技术的基本要求,兼顾工程技术人员使用的要求,结合多年来的试验教学经验进行修改、补充编写而成的。

　　全书共分三大篇,内容上按照由浅入深、循序渐进的认知规律,围绕试验准备及"室内土工试验"和"室外原位测试"两大部分主题,突出项目化教学需求,分别介绍了土样制备的方法及操作过程、土的含水率、土粒比重试验、液塑限试验、颗粒分析试验、渗透试验、固结试验等9个室内试验和静载荷试验等5个原位试验,每个室内试验项目都配有详细的演示视频,便于学生开展和完成土工试验与检测的全过程。本书内容简明扼要、重点突出、图文并茂,在强调试验原理的同时,加强了对学生试验数据分析与处理能力的训练。

　　本书为西安思源学院本科教材建设项目成果。由西安思源学院周玲担任主编,由中核工程咨询有限公司夏永红和陕西铁路工程职业技术学院薛晓辉担任副主编。具体编写分工为:薛晓辉编写第1篇,周玲编写第2篇,夏永红编写第3篇。全书由周玲负责统稿。

　　在本书的编写过程中参阅了相关教材和论著,同时也得到了西安思源学院和西安交通大学出版社的大力支持,谨此向西安思源学院、西安交通大学出版社和相关合作单位以及相关文献的作者致以诚挚的谢意。

　　由于编者水平所限,书中难免有欠缺之处,敬请读者批评指正。

编　者

2022 年 5 月

目　录

绪　论

试验教学系列教材《土工试验》是根据应用型大学土木工程、建筑工程、道路桥梁工程、勘察技术与工程、环境工程等专业对本科生的培养计划以及新编教学大纲对土工试验的基本要求,兼顾工程技术人员使用的要求,结合编者多年来的试验教学经验进行修改、补充编写而成的。全书以工程实例为背景,用实际工程需求引出试验目的,着重体现学生动手能力,融入多种学习素材及教学手段,突出专业技术知识的实用性、综合性和先进性,以培养学生进行工程试验检测以及土的工程应用等工作能力。本书在内容上按照由浅入深、循序渐进的认知规律,分别介绍了试验检测数据的处理与分析、土样的制备,土的密度试验、含水率试验、颗粒分析试验、液塑限试验、固结压缩试验、直接剪切试验、压实度检测(击实试验和灌砂试验)、渗透试验,地基静载荷试验、静力触探试验、圆锥动力触探和标准贯入试验、基桩动荷载试验及锚杆抗拔试验,基本上每个室内试验项目都贴近最新规范的试验标准,便于学生开展和完成土工试验与检测的全过程。

1. 土工试验的重要性

土是土木工程建设中必不可少的建筑材料,土的分类与性质关系着各类工程质量,土工试验是土的分类与性质验证的重要手段和方法。土工试验是解决土工问题的一个工作环节,它与勘探取样、设计、施工都有关系,对工程勘察尤为重要。

岩土体是自然界的产物,其形成过程、物质成分以及工程特性是极为复杂的,并且随受力状态、应力历史、加载速率和排水条件等的不同而变得更加复杂。所以,在进行各类工程项目设计和施工之前,必须对工程项目所在场地的岩土体进行土工试验及原位测试,以充分了解和掌握岩土体的物理和力学性质,从而为场地岩土工程条件的正确评价提供必要的依据。

2. 土工试验的工程应用

土工试验是对岩土试样进行测试,并获得岩土的物理性指标、力学性指标、渗透性指标以及动力性指标等的试验工作,它能为工程设计和施工提供参数,是正确评价工程地质条件不可缺少的依据。

所有的工程建设项目,包括高层建筑、高速公路、机场、铁路、隧道等的建设,都与它们赖以存在的岩土体有着密切的关系,在很大程度上取决于岩土体能否提供足够的承载力,取决于工程结构不至于遭受超过允许的地基沉降和差异变形等,而地基承载力和地基变形计算中的参数又主要是由土工试验来确定的。

随着中国现代化建设事业的飞速发展,对岩土工程技术提出新的、更高的要求。如重型厂房、高层、超高层建筑、大型水利枢纽、高速铁路、公路桥梁与海底隧道以及民用建筑物的兴建是否经济、合理,大部分取决于岩土的工程性质。要很好地解决一个岩土工程问题,必须首先进行勘察和测试、试验与分析,并利用土力学、工程地质学等的理论与方法,对各类土建工程进行系统性研究。因此,土工试验是岩土工程规划设计的前期工作,也是地基与基础设计工作中不可缺少的中心环节。

3. 土工试验与原位测试对比

原位测试是指在保持岩土体天然结构、天然含水率以及天然应力状态的条件下,测试岩土体在原有位置上的工程性质的测试手段。原位测试不仅是岩土工程勘察的重要组成部分,而且还是岩土工程施工质量检验的主要手段。

采用原位测试方法对岩土体的工程性质进行测定,可不经钻孔取样,直接在原位测定岩土体的工程性质,从而可避免取土扰动和取土卸荷回弹等对试验结果的影响。它的试验结果可以直接反映原位土层的物理、力学性状。某些不易采取原状土样的土层(如深层的砂)只能采用原位测试的方法,原位测试还可在较大范围内测试岩土体,故其测试结果更具有代表性,并可在现场重复进行验证。目前,各种原位测试方法已受到越来越广泛的重视和应用,并向多功能和综合测试方面发展。

室内土工试验是对岩土试样进行测试,并获得岩土的物理性指标、力学性指标、渗透性指标等的试验工作,从而为工程设计提供参数,是正确评价工程地质条件不可缺少的依据。

室内土工试验结果会由于试样扰动而受到影响,因此,在利用室内试验得出岩土参数时必须小心对待。原位测试可避免取土扰动对试验结果的影响,但是,原位测试也有其难以克服的局限性。首先,原位测试的应力条件复杂,一般很难直观地确定岩土体的某个参数,因此在选择计算模型和确定边界条件时将不得不采取一些简化假设,由此引起的误差也可能使所得出的岩土体参数不能理想地表征实际土体的性状,特别是当原位测试中的土体变形和破坏模式与实际工程不一致时,例如十字板剪切试验的剪切和破坏模式与土坡或地基的实际破坏形式是大相径庭的,事实上已有资料表明十字板剪切试验得出的强度高于室内无侧限压缩试验结果;其次,原位测试一般只能测定现场荷载条件下的岩土体参数,而无法预测荷载变化过程中的发展趋势。因此,对于岩土体参数的测定,仅仅依靠原位测试也是不行的。

关于对室内试验结果影响最大的取土扰动,现有的取土技术已经足以使取土扰动的影响降低到最小限度。目前,取土技术已经引起足够的重视,并且一致认为,在软土中采用薄壁取土器可以取得质量最好的原状土,但是,由于其操作过于烦琐,在推广过程中遇到一定困难。至于取土时无法避免的应力释放引起的土样扰动,可采取室内再固结等方法予以减轻甚至消除。

土工试验与原位测试的优缺点是互补的,它们是相辅相成的。

4. 土工试验与原位测试项目

室内土工试验大致可以分为以下五类。

土的物理性质试验:包括土的含水率试验、密度试验、比重试验、颗粒分析试验、界限含水率试验(液限、塑限和缩限试验)等。

土的力学性质试验:包括土的固结试验、抗剪强度试验、击实试验、静止侧压力系数 K 试验、流变试验等。

土的水理性质试验:包括土的渗透试验、湿化试验等。

土的动力性质试验:包括土的振动三轴试验、共振柱试验、动单剪试验等。

土的特殊性质试验:包括非饱和土试验、黄土湿限试验、膨胀率试验、膨胀力试验、收缩试验、有机质试验等。

原位测试可分为定量方法和半定量方法。定量方法是指在理论上和方法上能形成完整体系的原位测试方法,例如静力载荷试验、现场直接剪切试验、旁压试验、十字板剪切试验、渗透试验等;半定量方法是指由于试验条件限制或方法本身还不具备完整的理论用以指导试验,因此必须借助某种经验或相关关系才能得出所需成果的原位测试方法,例如静力触探试验、圆锥动力触探试验、标准贯入试验等。

5. 土样的要求和管理

1）土样采取的数量

土样采取的数量应满足要求进行的试验项目和试验方法的需要。

2）土样的验收与管理

（1）土样送达试验室时,必须附送样单及试验委托书。

送样单内容包括工程名称、钻孔编号、取土深度、取土日期、水位埋深以及土样描述等。

试验委托书内容包括工程名称、试验项目、试验方法及提交成果时间要求等。

（2）试验室接收土样时,应按委托书进行验收。

验收内容包括土样数量、编号是否相符,是否满足试验项目和试验方法的要求,并进行登记。

登记内容包括工程名称、委托单位、送样日期、试验项目以及需要提交报告的时间等。

（3）土样验收登记后，试验室应及时组织试验工作，土样从取样之日到试验之时不得超过 3 周。

（4）试验结束后，余土应做好贮存工作，保持工程名称及室内土样编号，以备审核成果时使用，保管期限不少于 3 个月。

（5）处理余土时应做好环保工作。

3）室内土工仪器和要求

（1）国家标准。所有试验仪器设备都应满足《岩土工程仪器基本参数及通用技术条件》（GB/T 15406—2007）中的规定。

（2）土工仪器的校准。

① 所有土工仪器在使用前应按有关校验规程进行校准。

② 仪器中配备有计量标准器具时，应按规定的校验周期送交有计量检定能力的单位检定。

（3）不合格仪器及处理方法。

① 不合格仪器：已明显损坏、工作不正常、过载或误动作以及超过规定的间隔时间等的仪器。

② 处理方法：a. 不合格仪器应停止使用，并做出明显标记；

b. 能进行调整或修理的，经仔细检查检定或校准后可重新用；

c. 对不能调整或修复的仪器应及时报废。

（4）仪器设备的管理。

① 建立仪器设备台账，内容包括仪器名称、制造厂家、购置日期、保管人等。

② 编制仪器设备检定周期表，内容包括仪器设备名称、编号、检定周期、检定单位、最近送检日期、送检人等。

③ 所有仪器设备应有统一格式的标志：

a. 标志分"合格""准用""停用"三种，分别以绿、黄、红三种颜色表示；

b. 标志内容：仪器编号、检定结论、检定日期、检定单位。

（5）仪器说明书应妥善保存。

（6）建立仪器档案。其内容包括使用记录、故障及维修情况记录。

4）校准和检定

在规定条件下，为确定测量仪器或测量系统所指示的量值，与对应的由标准物质所复现的量值之间关系的一组操作，称为校准。

（1）校准的含义。

① 在规定的条件下,用一个可参考的标准,对包括参考物质在内的测量器具的特性赋值,并确定其示值误差。

② 将测量器具所指示或代表的量值,按照校准链将其溯源到标准所复现的量值。

(2) 校准的目的。

① 确定示值误差,并可确定是否在预期的允许范围内。

② 得出标准值偏差的报告值,可高速测量器具或对示值加以修正。

③ 给任何标尺标记赋值或确定其他特性,或给参考物质特性赋值。

④ 实现溯源性。

(3) 检定:是查明确认计量器具是否符合法定要求的程序,它包括检查、加标记和出具检定证书。检定具有法制性,由计量检定机构执行。

(4) 校准与检定的主要区别:

① 校准不具法制性,是企业自愿行为;检定具有法制性,属计量管理范畴的执法行为。

② 校准主要确定测量器具的示值误差;检定是对测量器具的计量特性及技术要求的全面评定。

③ 校准的依据是校准规范、校准方法,可统一规定也可自行制定;检定的依据是检定规程。

④ 校准不判断测量器具合格与否;检定要对所检的测量器具做出合格与否的结论。

⑤ 校准结果通常是发校准证书或校准报告;检定结果合格的发检定证书,不合格的发不合格通知书。

第1篇　前期准备

项目 1　试验检测数据的处理与分析

1.1　数字修约规则

1.1.1　修约间隔

修约间隔的数值一经确定,修约值即应为该数值的整数倍。

例如,指定修约间隔为 0.1,修约值即应在 0.1 的整数倍中选取,相当于将数值修约到一位小数。

又如,指定修约间隔为 100,修约值即应在 100 的整数倍中选取,相当于将数值修约到"百"数位。

1.1.2　试验数据的修约规则

(1) 拟舍弃数字的最左一位数字小于 5 时,则舍去,即保留的各位数字不变。

例 1:将 13.2476 修约到一位小数,得 13.2。

例 2:将 13.2476 修约成两位有效位数,得 13。

(2) 拟舍弃数字的最左一位数字大于 5 或者等于 5,而且后面的数字并非全部为 0 时,则进 1,即保留的末位数字加 1。

例 1:将 1167 修约到"百"数位,得 12×10^2(特定时可写为 1 200)。

例 2:将 10.502 修约到"个"数位,得 11。

(3) 拟舍弃数字的最左一位数字为 5,而后面无数字或全部为 0 时,若被保留的末位数字为奇数(1,3,5,7,9)则进 1,为偶数(2,4,6,8,0)则舍弃。

例 1:修约间隔为 0.1(或 10^{-1})。

拟修约数值	修约值
2.050	2.0
0.150	0.2

（4）负数修约时，先将它的绝对值按上述三条规定进行修约，然后在修约值前面加上负号。

例 1：将下列数字修约至"十"数位。

拟修约数值　　　　　修约值

－255　　　　　　　－26×10（特定时可写为－260）

－245　　　　　　　－24×10（特定时可写为－240）

（5）0.5 单位修约时，将拟修约数值乘以 2，按指定数位依进舍规则修约，所得数值再除以 2。

（6）0.2 单位修约时，将拟修约数值乘以 5，按指定数位依进舍规则修约，所得数值再除以 5。

（7）拟舍弃的数字并非单独的一个数字时，不得对该数值连续进行修约，应按拟舍弃的数字中最左面的第一位数字的大小，按照上述各条一次修约完成。

例如：15.4546 修约成整数时应为 15。

1.2　数据的统计特征与分布

1. 算术平均值

算术平均值是表示一组数据集中位置最有用的统计特征量，经常用样本的算术平均值来代表总体的平均水平。总体的算术平均值用 μ 表示，样本的算术平均值则用 $\bar{x}$ 表示。如果 n 个样本数据为 x_1、x_2、$\cdots$、x_n，那么，样本的算术平均值为

$$\bar{x} = \frac{1}{n}(x_1 + x_2 + \cdots + x_n) = \frac{1}{n}\sum_{i=1}^{n} x_i$$

2. 加权平均值

若对同一物理量用不同的方法或对同一物理量用不同的人去测定，测定的数据可能会受到某种因素的影响，这种影响的权重必须予以考虑，一般采用加权平均的方法进行计算。

$$W = \frac{W_1 x_1 + W_2 x_2 + \cdots + W_n x_n}{W_1 + W_2 + \cdots + W_n}$$

3. 中位数

在一组数据 x_1、x_2、$\cdots$、x_n 中，按其大小次序排序，以排在正中间的一个数表示总体的平均水平，称之为中位数，或称中值，用 $\bar{x}$ 表示。n 为奇数时，正中间的数只有一个；n 为偶数时，正中间的数有两个，则取这两个数的平均值作为中位数，即

$$\bar{x} = \begin{cases} x_{\text{中}} & (n \text{ 为奇数}) \\ \frac{1}{2}(x_{\text{中}} + x_{\text{中}+1}) & (n \text{ 为偶数}) \end{cases}$$

4. 极差

在一组数据中最大值与最小值之差,称为极差,记作 R。

$$R = X_{\max} - X_{\min}$$

5. 标准偏差

标准偏差有时也称标准离差、标准差或称均方差,它是衡量样本数据波动性(离散程度)的指标。在质量检验中,总体的标准偏差 σ 一般不易求得。样本的标准偏差 S 按下式计算。

$$S = \sqrt{\frac{(x_1 - \bar{x})^2 + (x_2 - \bar{x})^2 + \cdots + (x_n - \bar{x})^2}{n-1}} = \sqrt{\frac{\sum_{i=1}^{n}(x_i - \bar{x})^2}{n-1}}$$

6. 变异系数

标准偏差是反映样本数据的绝对波动状况,当测量较大的量值时,绝对误差一般较大;测量较小的量值时,绝对误差一般较小,因此,用相对波动的大小,即变异系数更能反映样本数据的波动性。

变异系数用 C_V 表示,是标准偏差 S 与算术平均值的比值,即

$$C_V = \frac{S}{\bar{x}} \times 100\%$$

1.3 土工试验成果综合分析的必要性

由于自然界土层自身的不均匀性,取样、保存和运输过程中对原状土的扰动,试验仪器、操作方法的差异以及试验人员的素质不同,使得土工试验中测试的结果存在各种问题,在一定程度上影响岩土工程勘察的准确评价。因此,对土工试验中存在的问题和试验成果的综合分析有着十分重要的意义。

土是地壳表层的岩石风化后产生的松散堆积物,它具有三个特性:① 土是松散性材料,不是连续的固体,因此,在一定程度上具有"流动性";② 土是三相体,是由颗粒(固相)、水(液相)和气(气相)所组成的三相体系,不是由单一材料构成的;③ 土是自然地质历史产物,非人工制造产物。基于此,土具有不同于其他建筑材料的特征。一般的建筑材料可由设计人员指定品种和型号,品种、型号一经确定,力学性质参数也就确定,土则不同,建(构)筑物是以天然土层作为地基,拟建地点是什么土,设计人员就以该种土作为设计对象。由于土是自然地质历史产物,各种土的颗粒大小和矿物成分差别很大,土的三相间的数量比例不尽相同,而且土粒与其周围的水分又发生着复杂的物理化学作用,因此,造成了土的物理性质的复杂性;土的物理性质又在一

定程度上决定了它的力学性质,不同地区的土,又有不同的变化。土的物理性质、力学性质,相对于其他材料来说,是比较复杂的,如土的应力-应变关系是非线性的,土的变形在卸荷后一般不能完全恢复,土的强度也不是一成不变的,土对扰动还特别敏感,等等。那么,通过室内试验测出的土的性质,就存在一个是否准确的问题。如何确定数据的准确性,以及各个指标存在哪些必然的联系,对于从事土工试验的人员有很大的指导意义。因此,有必要将土工试验的成果、相关的指标摆在一起进行分析,从中找出一些共性的特征。鉴于此,本书结合长期试验的经验,对土的物性试验成果和土的变形、力学试验成果两大方面进行分析,从中找出规律性的东西,供试验人员参考。

1.3.1　土的物性试验及试验成果的分析

1. 土的比重试验、密度、含水率试验

土的物性试验中,最常见的是土的比重试验、密度、含水率试验,它们是三个最基本的试验,用它们可以换算土的干密度、孔隙比、孔隙度、饱和度等指标,它们的变化,不仅影响其他指标的变化,而且将使土的一系列力学性质随之而异。因此,准确测定它们的值,有着重要的意义。

在这三个基本指标中,土粒比重是一个相对稳定的值,它决定于土的矿物成分,它的数值一般是 2.6~2.8。淤质土为 1.5~1.8,有机质土为 2.4~2.5。同一地区同一类型的土,它的土粒比重基本相同,通常可按经验数值选用(见表 1-1)。

表 1-1　土粒比重参考值

土的名称	砂类土	粉性土	黏性土	
			粉质黏土	黏土
土粒比重	2.65~2.69	2.70~2.71	2.72~2.73	2.74~2.76

值得注意的是当土中含有有机质时,土粒比重可降到 2.4 以下,此时应改用中性液体,如煤油、汽油甲苯和二甲苯,并采用抽气法排气。

土的密度指标,虽然也是一个变化的值,不同土样的重度值不同,但对于某一个土样来说,它的值是较稳定和比较容易测准的。

土的含水率是三个指标中最不稳定的,一则不同的土,含水率就可能不一样,而且由于各种因素,如土层的不均匀、取样不标准、取土器和筒壁的挤压、土样在运输和存放期间保护不当等,都会影响成果的准确度。在这些影响因素中,有的属于土样客观存在,有的属于人为造成,无论属于哪种,都需要试验人员结合实际情况,克服不利因素,测出土的比较准确的含水率。

土的这三个指标是基础,土的其他指标也可通过这三个指标换算出来。计算出来的指标,有时会出现和实际明显不符的情况,如饱和度超过 100% 等,这就说明,原

始三个指标的测定有问题,而大多数情况下,问题出在含水率和土粒比重的测定上,需要对这两个指标做进一步的确定,保证这两项指标试验值的准确性,从而提高其他指标的准确度。

2. 土的液限与塑限

对于工程来说,土的液限、塑限有着比较重要的实用意义。土的塑性指数高,表示土中的胶体黏粒含量大,同时也表示黏土中可能含有蒙脱石或其他高活性的胶体黏粒较多。因此,界限含水率,尤其是液限,能较好地反映出土的某些物理力学特性,如压缩性、胀缩性等。而当前对土的液限、塑限的测定,存在不少问题。其一,液限标准的确定,还处在过渡时期,即圆锥下沉 10 mm 和 17 mm 处为液限含水率,势必使人们对土的名称和状态产生不同程度的误解,特别是非专业人员,很难搞明白,为什么原来是一种土,而现在又是另一种土,原来处在一种状态而现在又处在另外一种状态。其二,大多数试验人员,只受过几个月的培训,因此,他们对于土的状态的确定并不是很明确,比如,国标中把黏性土的状态按液性指数的大小分为坚硬、硬塑、可塑、软塑、流塑,而一旦测出土的状态为坚硬或流塑,就会产生怀疑,所测土并不像想象中那么坚硬或流塑。其实《公路土工试验规程》(JTG 3430—2020)中对土的状态的确定,只是在一定标准下,给土的状态定名而已,并不是人们想象中的坚硬就应该像石头一样,流塑就像水流动似的。其三,对于塑性指数小于 10 的土,以前叫作轻亚黏土,而新规程称为粉土。这种土的存在可能会产生液化的情况,因此,要根据工程要求,对其进行相关的黏粒(小于 0.005 mm 颗粒含量)的测定。其四,测定土的液、塑限时取标准样的问题,规程上大多规定土要过 0.5 mm 的筛,才能进行试验。在实际操作中,有一些土用眼睛观察含有较多砂粒,一旦过 0.5 mm 筛后做试验,测出的土塑性指数可能很大,不能反映土的实际情况。因此,对于这种土最好能采用筛分法确定砂粒含量,如果砂粒含量已达到确定该土为砂土的标准,那么就不必再做液、塑限试验,反之则可进行相应的液、塑限试验确定土的名称。实际上,有些土处在杂土状态,无法确定名称,这种情况下,可以根据工程需要,作相应的处理。比如,以土中黏粒为主做试验或以砂粒为主做试验,目的就是反映土的真实情况,为工程建设服务。

3. 土的物性指标之间的对比分析

土的物性指标间是相互关联的,因此,当这些指标出来以后,可以将这些指标放到一起,进行综合的分析,从而对这些指标的准确性进行判别。比如,在有些成果中,会出现饱和度超过 100% 的现象,这就说明,在某些试验数据中,存在误差或者错误,就需要根据实际情况进行调整,必要的情况下要重做试验。再如,本来在开土的时候,发现土是处在硬塑状态,而结果却是土处在流塑状态,这种情况,一则说明含水率测定有问题;二则可能液限、塑限结果存在误差。大多数情况下,会是因为天然含水率不准造成土的状态确定不准。通过一系列对物性指标间关系统一分析,使得试验成果的精度进一步提高,为工程建设提供准确的数据。

1.3.2　土的力学试验及试验成果分析

1. 土的固结试验

固结试验是测定土体在压力作用下的压缩特性。在实际工程中,由于土层的压缩,致使其上部建筑物或构筑物沿重力方向产生沉降。如上下土层的压缩性不等,或上部建筑物荷载不一,皆可促成同一平面上的不均匀沉降。在天然地基设计中,常需根据设计的要求,控制建筑物的沉降量,或控制其他各部的沉降差在某一允许范围之内,以满足使用上的要求及建筑物的安全条件。因此,要测定土的压缩性借以计算建筑物或构筑物的沉降量,作为设计的控制数据。除一些特殊工程要在现场做测试外,大多数试验是在室内进行的。影响成果准确度的因素也很多,有一些是比较容易找到原因的,如在开土取土的过程中,感到土是较软的或测出的液性指数较低,而测出的压缩系数小,这说明试验操作有误或记录有误,要检查各个环节。实在找不出原因采取补救措施的话,就要重新取土测试。

2. 土的抗剪强度试验

土的抗剪强度是指土体抵抗剪切破坏的极限能力,是土的重要力学性质之一。在计算承载力、评价地基稳定性以及计算挡土墙背后土压力时,都要用到土的抗剪强度指标,因此正确地测定土的抗剪强度在工程上具有重要意义。抗剪强度的试验方法有多种,在试验室内常用的有直接剪切试验、三轴压缩试验和无侧限抗压试验。在现场原位测试的有十字板剪切试验、大型直接剪切试验等。相对来说,室内试验的规律性,要比现场原位测试好得多。虽然如此,室内试验测出的结果,有时和理论上的数据存在很大的差距。比如,无黏性土的黏聚力 c 值应为 0,而在大多数试验中,测出的值不一定为 0,这实际上也是正常的,因为在我们所测出的抗剪强度指标中,并不是说 c 值完全代表土的黏聚力,而 φ 值也不完全代表内摩擦角,而是两者互相包含,都代表土的抗剪强度的一部分。在有些直接剪切试验结果中,有时甚至会出现黏聚力 c 为负值的现象,主要原因在于取标准样时,所取试样的性质相差太大。也就是说不是同一种性质的土拿到一起做试验,结果自然不会符合规律。在三轴压缩试验中,如果采用不固结不排水剪,那么从理论上讲,抗剪强度包线应为水平线,即内摩擦角 φ 为 0,但是实际测出的结果中,总是或多或少地存在一定倾角 φ。造成这种现象的原因,一方面是取土质量问题,另一方面是在安装试件时对土产生了一定的扰动,使土得到了不同程度的固结等。但这并不能说明结果是错误的,因为它反映了土中的应力分布实际情况,对于实际工程来说,有着很大的实用意义。因此,我们在判断试验结果是否准确,不能仅从理论上确定,而要考虑多方面客观因素,结合实际分析,以期对土的受力情况有一个正确的判断。

3. 土的固结试验成果与抗剪强度之间的联系

土的压缩特性和抗剪强度有着一定的关系,利用这种关系,我们可以直观判断压缩结果和抗剪结果是否准确。一般情况下,土的压缩性越高,压缩模量越低,它的快剪强度则越小。当然,在有些情况下,要求做固结快剪,那么,这种关系可能就不成立了,需要按实际测出的强度情况判断。

土的物理性质和力学性质是紧密相关的。通常情况下,土的物理性质基本上能够决定土的力学性质。因此,《建筑地基基础设计规范》(GB 50007—2011)把它们之间的关系列成表格(见表1-2),可以根据土的物理性质,判定土的承载力。而在室内试验中,也可以此为依据,做以比较。比如对于不同密度、含水率及液、塑限的土,它的抗剪强度、压缩性质有怎样的变化,随着做试验时间的增长,慢慢可以从中找出一定的规律。当然由于土的形式的复杂性,经常出现一些意外情况,需要我们本着实事求是的态度,保证测出结果的准确性。如果将土的物理性质和力学性质统一起来,必将有利于我们对土的性质的认识,其中的规律也有待我们进一步探讨。

表1-2　土的基本特性及其指标对应表

序号	特性分类	对应指标
1	物理性指标	天然密度、含水率、土粒比重、孔隙比、液性指数、塑性指数、液限、塑限、曲率系数、不均匀系数、相对密度、饱和度、黏粒含量
2	力学性指标	变形指标:压缩系数、压缩模量、渗透系数、先期固结压力、压缩指数、回弹指数、回弹模量、湿陷系数、自重湿陷系数、湿陷起始压力、自由膨胀率、收缩系数
2	力学性指标	强度指标:内摩擦角、黏聚力、无侧限抗压强度、灵敏度
3	渗透性指标	渗透系数、固结系数
4	压实性指标	最优含水率、最大干密度
5	化学性指标	腐蚀性分析

项目 2　土样的制备

2.1　目的和适用范围

土样在试验前必须经过制备程序,包括土的风干、碾散、过筛、匀土、分样和贮存等预备程序,以及制备试样程序。

土样制备程序视需要的试验而异,故土样制备前应拟订土工试验计划。

对密封的原状土样除小心搬运和妥善存放外,在试验前不应开启。试验前如需要进行土样鉴别和分类必须开启时,则在检验后,应迅速妥善封好贮藏,应使土样少受扰动。

本项目适用于扰动土样的预备程序,以及扰动土样和原状土样的制备程序。

制备特殊试样的程序,分别在有关试验项目中阐述。

2.2　仪器设备

1. 制备土样需用的仪器设备

细筛:孔径 5 mm、2 mm、0.5 mm;

洗筛:孔径 0.075 mm;

台秤:称量 10～40 kg,分度值 5 g;

天平:称量 1 000 g,分度值 0.1 g,称量 200 g,分度值 0.01 g;

碎土器:磨土机;

击实器:包括活塞、导筒和环刀;

抽气机(附真空表);

饱和器(附金属或玻璃的真空缸);

其他烘箱、干燥器、保湿器、研钵、木锤、木碾、橡皮板、玻璃瓶、玻璃缸、修土刀、钢丝锯、凡士林、土样标签以及其他盛土器等。

2. 仪器设备的检定和校准

计量仪器(台秤、天平、真空表)应按相应的检定规程进行检定。

2.3　扰动土样预备程序

1. 细粒土样预备程序

将扰动土样进行土样描述,如颜色、土类、气味及夹杂物等;如有需要,将扰动土充分拌匀,取代表性土样进行含水率测定。

将块状扰动土放在橡皮板上用木碾或利用碎土器碾散(勿压碎颗粒);如水量较大时,可先风干至易碾散为止。

根据试验所需土样数量,将碾散后的土样过筛。对土样进行物理性试验,如液限、塑限、缩限等试验,过 0.5 mm 筛;对土样进行物理性及力学性试验,过 2 mm 筛;对土样进行击实试验,过 5 mm 筛。过筛后用四分对角取样法或分砂器,取出足够数量的代表性土样,分别装入玻璃缸内,标以标签,以备各项试验之用。对风干土,需测定风干含水率。

配制一定含水率的土样。取过 2 mm 筛的足够试验用的风干土 1~5 kg,平铺在不吸水的盘内,按《公路土工试验规程》(JTG 3430—2020)中的 T 0102 - 2 公式计算所需的加水量,用喷雾器喷洒预计的加水量,静置一段时间,然后装入玻璃缸内盖紧,润湿一昼夜备用(砂性土润湿时间可酌情减短)。

测定湿润土样不同位置的含水率(至少 2 个以上),要求差值不大于±1%。

对不同土层的土样制备混合土样时,应根据各土层厚度,按权数计算相应的质量配合,然后按本项目 2.4 节中的方法进行扰动土的预备工作。

2. 粗粒土样预备程序

对砂及砂砾土,按第 2 篇项目 2 中 2.3 节中的四分法或分砂器细分土样,然后取足够试验用的代表性土样供作颗粒分析试验用,其余过 5 mm 筛。筛上和筛下土样分别贮存,供作比重及最大和最小孔隙比等试验用。取一部分过 2 mm 筛的土样供作力学性试验用。

如有部分黏土依附在砂砾石上面,则先用水浸泡,将浸泡过的土样在 2 mm 筛上冲洗,取筛上及筛下代表性的土样供作颗粒分析试验用。

将冲洗下来的土浆风干至易碾散为止,再按本项目 2.4 节中的方法进行预备工作。

2.4 扰动土试样制备

1. 一般要求

根据工程和设计的要求,将扰动土制备成所需的试样供进行湿化、膨胀、渗透、压缩及剪切等试验用。

试样制备的数量视试验需要而定,一般应多制备 1~2 个备用。制备试样密度、含水率与制备标准之差值应分别在±0.02 g/cm³ 与±1%范围以内,平行试验或一组内各试样间之差值分别要求在 0.02 g/cm³ 和 1%以内。

扰动土试样的制备,视工程实际情况,分别采用击样法、击实法和压样法。

2. 击样法

根据环刀的容积及所要求的干密度、含水率,按本项目 2.6 节中式(2 - 1)、式(2 - 2)计算用量,制备湿土样。

将湿土倒入预先装好的环刀内,并固定在底板上的击实器内用击实方法将土击入环刀内。

取出环刀,称环刀、土总量,并符合第 2 篇项目 1 中 1.2 节中的要求。

3. 击实法

根据试样所要求的干密度、含水率,按本项目 2.6 节中式(2-1)、式(2-2)计算用量,制备湿土样。

用《土工试验方法标准》(SL 237—1999)中的击实程序,将土样击实到所需的密度,用推土器推出。

将试验用的切土环刀内壁涂一薄层凡士林,刃口向下,放在土样上。用切土刀将土样切削成稍大于环刀直径的土柱。然后将环刀垂直向下压,边压边削,至土样伸出环刀为止。削去两端余土并修平。擦净环刀外壁,称环刀、土总量,准确至 0.1 g,并测定环刀两端削下土样的含水率。

试样制备应尽量迅速操作,或在保湿间内进行。

4. 压样法

按《公路土工试验规程》(JTG 3430—2020,T 0102—2007)中 4.2 的规定制备湿土样并称出所需的湿土量。将湿土倒入预先装好环刀的压样器内,拂平土样表面,以静压力将土压入环刀内。

取出环刀,称环刀、土总量,并符合第 2 篇项目 1 中 1.2 节中的要求。

2.5　原状土试样制备

小心开启原状土样包装皮,辨别土样上下和层次,整平土样两端。无特殊要求时,切土方向与天然层次垂直。

按《公路土工试验规程》(JTG 3430—2020,T 0102—2007)中 5 操作步骤,切取试样,试样与环刀要密合,同一组试样的密度差值不宜大于 0.03 g/cm³,含水率差值不宜大于 2%。

切削过程中,应细心观察土样的情况,并描述它的层次、气味、颜色,有无杂质,土质是否均匀,有无裂缝等。

切取试样后剩余的原状土样,应用蜡纸包好置于保湿器内,以备补作试验之用,切削的余土作物理性试验用。

视试样本身及工程要求,决定试样是否进行饱和,如不立即进行试验或饱和时,则将试样暂存于保湿器内。

2.6　试样饱和

1. 基本规定

土的孔隙逐渐被水填充的过程称为饱和,当土的孔隙被水充满时,称为饱和土。

试样饱和方法视土的性质选用浸水饱和法、毛管饱和法及真空抽气饱和法三种。

砂土可直接在仪器内浸水饱和。

较易透水的黏性土,渗透系数大于 10^{-4} cm/s 时,采用毛管饱和法较为方便。

不易透水的黏性土,渗透系数小于 10^{-4} cm/s 时,采用真空饱和法,如土的结构性较弱,抽气可能发生扰动者,不宜采用。

2. 毛管饱和法

选用框式饱和器(见图 2-1),在装有试样的环刀两面贴放滤纸,再放两块大于环刀的透水板于滤纸上,通过框架两端的螺丝将透水板、环刀夹紧。

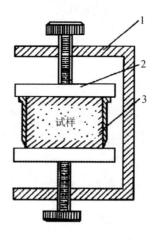

1—框架;2—透水板;3—环刀。

图 2-1　重叠式饱和器

将装好试样的饱和器放入水箱中,注清水入箱,水面不宜将试样淹没,使土中气体得以排出。

关上箱盖,防止水分蒸发,借土的毛细管作用使试样饱和,一般约需 3 天。

试样饱和后,取出饱和器,松开螺丝,取出环刀,擦干外壁,吸去表面积水,取下试样上下滤纸,称环刀、土总量,准确至 0.1 g。按本项目 2.6 节中式(2-5)计算饱和度。

如饱和度小于 95% 时,将环刀再装入饱和器,浸入水中延长饱和时间。

3. 真空饱和法

选用重叠式饱和器(见图 2-2)或框式饱和器,在重叠式饱和器下板正中放置稍大于环刀直径的透水板和滤纸,将装有试样的环刀放在滤纸上,试样上再放一张滤纸和一块透水板,以这样的顺序重复,由下向上重叠,至拉杆的长度,将饱和器上夹板放在最上部透水板上,旋紧拉杆上端的螺丝,将各个环刀在上下夹板间夹紧。

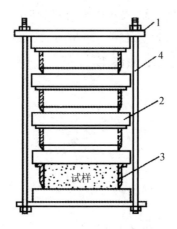

1—夹板；2—透水板；3—环刀；4—拉杆。

图 2-2　框式饱和器

将装好试样的饱和器放入真空缸内(见图 2-3)，盖上缸盖。盖缝内应涂一薄层凡士林，以防漏气。

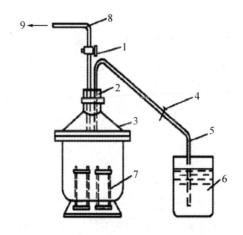

1—二通阀；2—橡皮塞；3—真空缸；4—管夹；5—引水管；

6—水缸；7—饱和器；8—排气管；9—接抽气机。

图 2-3　真空饱和装置

关管夹，开二通阀，将抽气机与真空缸接通，开动抽气机，抽除缸内及土中气体，当真空表达到约 -100 kPa 后，继续抽气(黏质土约 1 h，粉质土约 0.5 h)后，稍微开启管夹，使清水由引水管徐徐注入真空缸内。在注水过程中，应调节管夹，使真空表上的数值基本上保持不变。

待饱和器完全淹没在水中后，即停止抽气。将引水管自水缸中提出，开管夹令空气进入真空缸内,静置一定时间,借大气压力,使试样饱和。

按《公路土工试验规程》(JTG 3430—2020,T 0102—2007)中 6 的规定取出试样,称量准确,0.1 g。按式(2-5)计算饱和度。

4. 计算

(1) 计算干土质量:

$$m_s = \frac{m}{1 + 0.01 w_h} \qquad (2-1)$$

式中:

　　m_s—— 干土质量(g);

　　m —— 风干土质量(或天然湿土质量)(g);

　　w_h—— 风干含水率(或天然含水率)(%)。

(2) 计算土样制备含水率所加水量:

$$m_w = \frac{m}{1 + 0.01 w_h} \cdot 0.01(w - w_h) \qquad (2-2)$$

式中:

　　m_w—— 土样所需加水质量(g);

　　m—— 风干含水率时的土样质量(g);

　　w_h—— 风干含水率(%);

　　w—— 土样所要求的含水率(%)。

(3) 计算制备扰动土试样所需总土质量:

$$m = (1 + 0.01 w_h) \rho_d V \qquad (2-3)$$

式中:

　　m—— 制备试样所需总土质量(g);

　　ρ_d—— 制备试样所要求的干密度(g/cm³);

　　V—— 计算出击实土样体积或压样器所用环刀容积(cm³);

　　w_h—— 风干含水率(%)。

(4) 计算制备扰动土样应增加的水量:

$$\Delta m_w = 0.01(w' - w_h) \rho_d V \qquad (2-4)$$

式中:

　　Δm_w—— 制备扰动土样应增加的水量(g)。

其余符号见式(2-2) 和式(2-3)。

(5) 计算饱和度:

$$S_r = \frac{(\rho - \rho_d) G_s}{e \rho_d} \quad 或 \quad S_r = \frac{w G_s}{e} \qquad (2-5)$$

式中：

S_r—— 饱和度（%）；

ρ—— 饱和后的密度（g/cm^3）；

ρ_d—— 土的干密度（g/cm^3）；

e—— 土的孔隙比；

G_s—— 土粒比重；

w—— 饱和后的含水率（%）。

第 2 篇 室内土工试验部分

项目 1 土的密度试验

1.1 概述

土的密度是指土的单位体积质量,是土的基本物理性质指标之一,其单位为 g/cm^3。

土的密度反映了土体结构的松紧程度,是计算土的自重应力、干密度、孔隙比、孔隙度等指标的重要依据,也是挡土墙压力计算、土坡稳定性验算、地基承载力和沉降量估算以及路基路面施工填土压实度控制的重要指标之一。

当用国际单位制计算土的重力时,由土的质量产生的单位体积的重力称为重力密度 γ,简称重度,其单位是 kN/m^3。重度由密度乘以重力加速度求得,即 $\gamma = \rho g$。

土的密度一般是指土的湿密度 ρ,相应的重度称为湿重度 γ,除此以外还有土的干密度 ρ_d、饱和密度 ρ_{sat} 和有效密度 ρ',相应的有干重度 γ_d、饱和重度 γ_{sat} 和有效重度 γ'。

密度试验方法有环刀法、蜡封法、灌水法和灌砂法等。对于细粒土,宜采用环刀法;对于易碎裂、难以切削的土,可用蜡封法;对于现场粗粒土,可用灌水法或灌砂法。

1.2 试验方法及原理

环刀法就是采用一定体积环刀切取土样并称土质量的方法,环刀内土的质量与环刀体积之比即为土的密度。

环刀法操作简便且准确,在室内和野外均普遍采用,但环刀法只适用于测定不含砾石颗粒的细粒土的密度。

1. 仪器设备

(1)恒质量环刀,内径 6.18 cm(面积 30 cm²)或内径 7.98 cm(面积 50 cm²),高 20 mm,壁厚 1.5 mm。

(2)称量 500 g、最小分度值 0.1 g 的天平。

（3）切土刀、钢丝锯、毛玻璃和圆玻璃片等。

环刀与天平见图 1-1。

（a）环刀　　　　　　　　　（b）天平

图 1-1　环刀与天平

2. 操作步骤

（1）按工程需要取原状土或人工制备所需要求的扰动土样,其直径和高度应大于环刀的尺寸,整平两端放在玻璃板上。

（2）在环刀内壁涂一薄层凡士林,将环刀的刀刃向下放在土样上面,然后用手将环刀垂直下压,边压边削,至土样上端伸出环刀为止,根据试样的软硬程度,采用钢丝锯或修土刀将两端余土削去修平,并及时在两端盖上圆玻璃片,以免水分蒸发,见图 1-2。

图 1-2　环刀取土

（3）擦净环刀外壁,拿去圆玻璃片,然后称取环刀加土质量,准确至 0.1 g。

3. 成果整理

按式（1-1）和式（1-2）分别计算湿密度和干密度:

$$\rho = \frac{m}{V} = \frac{m_2 - m_1}{V} \tag{1-1}$$

$$\rho_d = \frac{\rho}{1 + 0.01w} \tag{1-2}$$

式中：

ρ——湿密度（g/cm³），精确至 0.01 g/cm³；

ρ_d——干密度（g/cm³），精确至 0.01 g/cm³；

m——湿土质量（g）；

m_2——环刀加湿土质量（g）；

m_1——环刀质量（g）；

w——含水率（%）；

V——环刀容积（cm³）。

环刀法试验应进行两次平行测定，两次测定的密度差值不得大于 0.03 g/cm³，结果取其两次测值的算术平均值。

注意事项：

（1）制备原状土样时，环刀内壁涂一薄层凡士林，用环刀切取试样时，环刀应垂直均匀下压，以防环刀内试样的结构被扰动，同时用切土刀沿环刀外侧切削土样，用切土刀或钢丝锯整平环刀两端土样。

（2）夏季室温高时，应防止水分蒸发，可用玻璃片盖住环刀上、下口并称取质量，但计算时应扣除玻璃片的质量。

（3）需进行平行测定，要求两次差值不大于 0.03 g/cm³，否则重做。结果取两次试验结果的算术平均值。

4. 试验记录

密度试验记录表（环刀法）见表 1-1。

表 1-1 密度试验记录表（环刀法）

工程名称：＿＿＿＿＿＿＿＿＿＿　　　试验者：＿＿＿＿＿＿＿＿＿＿

工程编号：＿＿＿＿＿＿＿＿＿＿　　　计算者：＿＿＿＿＿＿＿＿＿＿

试验日期：＿＿＿＿＿＿＿＿＿＿　　　校核者：＿＿＿＿＿＿＿＿＿＿

试样编号	土样类别	环刀号	环刀加湿土质量/g	环刀质量/g	湿土质量/g	环刀容积/cm³	湿密度/(g/cm³)	平均湿密度/(g/cm³)

5. 成果整理

(1) 写出试验过程。

(2) 确定土的密度。

1.3　注意事项

(1) 应严格按照试验步骤用环刀取土样,不得急于求成、用力过猛或图省事削成土柱,这样易使土样开裂扰动,结果事倍功半。

(2) 修平环刀两端余土时,不得在试样表面往返压抹。对软土宜先用钢丝锯将土样锯成几段,然后用环刀切取。

项目 2　土的含水率试验

2.1　概述

土的含水率 w 是指土在温度 $105 \sim 110\,℃$ 下烘干至恒量时所失去的水质量与达到恒量后干土质量的比值,以百分数表示。

含水率是土的基本物理性质指标之一,它反映了土的干、湿状态。含水率的变化将使土物理力学性质发生一系列变化,它可使土变成半固态、可塑状态或流动状态,可使土变成稍湿状态、很湿状态或饱和状态,也可造成土在压缩性和稳定性上的差异。含水率还是计算土的干密度、孔隙比、饱和度、液性指数等不可缺少的依据,也是建筑物地基、路堤、土坝等施工质量控制的重要指标。

2.2　试验方法及原理

含水率试验方法有烘干法、酒精燃烧法、比重法、碳化钙气压法、炒干法等,其中以烘干法为室内试验的标准方法。在此仅介绍烘干法和酒精燃烧法。

2.2.1　烘干法

烘干法是将试样放在温度能保持 $105 \sim 110\,℃$ 的烘箱中烘至恒量的方法,是室内测定含水率的标准方法。

1. 仪器设备

(1) 保持温度为 $105 \sim 110\,℃$ 的自动控制电热恒温烘箱(见图 2 - 1)。

(2) 称量 $200\,g$、最小分度值 $0.01\,g$ 的天平。

(3) 玻璃干燥缸。

(4) 恒质量的铝制称量盒(见图 2-2) 2 个。

图 2-1 恒温烘箱

图 2-2 铝制称量盒

2. 操作步骤

(1) 称盒加湿土质量:从土样中选取具有代表性的试样 15～30 g(有机质土、砂类土和整体状构造冻土为 50 g),放入称量盒内,立即盖上盒盖,称盒加湿土质量,准确至 0.01 g。

(2) 烘干土样:打开盒盖,将试样和盒一起放入烘箱内,在温度 105～110 ℃下烘至恒量。试样烘至恒量的时间,黏土和粉土为 8～10 h,砂土为 6～8 h。对于有机质超过干土质量 5% 的土,应将温度控制在 65～70 ℃的恒温下进行烘干。

(3) 称盒加干土质量:将烘干后的试样和盒从烘箱中取出,盖上盒盖,放入干燥器内冷却到室温。将试样和盒从干燥器内取出,称盒加干土质量,准确至 0.01 g。

3. 成果整理

按式(2-1)计算含水率:

$$w = \frac{m_1 - m_2}{m_2 - m_0} \times 100\% \qquad (2-1)$$

式中:

w——含水率(%),精确至 0.1%;

m_1——称量盒加湿土质量(g);

m_2——称量盒加干土质量(g);

m_0——称量盒质量(g)。

含水率试验须进行二次平均测定,每组取两次土样测定含水率,取其算术平均值作为最后成果。但两次试验的平均差值不得大于表 2-1 中的规定。

表 2 - 1　含水率测定的平行差值

含水率/%	允许平行差值/%
<10	0.5
<40	1
≥40	2

4. 试验记录

烘干法测含水率的试验记录表见表 2 - 2。

表 2 - 2　烘干法测含水率试验记录表

工程名称：＿＿＿＿＿＿＿＿＿＿　　　　试验者：＿＿＿＿＿＿＿＿＿＿＿

工程编号：＿＿＿＿＿＿＿＿＿＿　　　　计算者：＿＿＿＿＿＿＿＿＿＿＿

试验日期：＿＿＿＿＿＿＿＿＿＿　　　　校核者：＿＿＿＿＿＿＿＿＿＿＿

试样编号	土样说明	盒号	盒质量/g	盒加湿土质量/g	盒加干土质量/g	湿土质量/g	干土质量/g	含水率/%	平均含水率/%	备注

2.2.2　酒精燃烧法

酒精燃烧法是将试样和酒精拌合,点燃酒精,随着酒精的燃烧使试样水分蒸发的方法。酒精燃烧法是快速简易且较准确测定细粒土含水率的一种方法,适用于没有烘箱或土样较少的情况。

1. 仪器设备

(1) 恒质量的铝制称量盒。

(2) 称量 200 g、最小分度值 0.01 g 的天平。

(3) 纯度 95% 的酒精。

(4) 滴管、火柴和调土刀。

2. 操作步骤

(1) 从土样中选取具有代表性的试样(黏性土 5~10 g,砂性土 20~30 g),放入称量盒内,立即盖上盒盖,称盒加湿土质量,准确至 0.01 g。

(2) 打开盒盖,用滴管将酒精注入放有试样的称量盒内,直至盒中出现自由液面为止,并使酒精在试样中充分混合均匀。

（3）将盒中酒精点燃，并烧至火焰自然熄灭。

（4）将试样冷却数分钟后，按上述方法再重复燃烧二次，当第三次火焰熄灭后，立即盖上盒盖，称盒加干土质量，准确至 0.01 g。

3. 成果整理

酒精燃烧法试验同样应对两个试样进行平行测定，其含水率计算见式（2-1），含水率允许平行差值与烘干法相同。

2.3 注意事项

（1）打开试样后应立即称湿土质量，以免水分蒸发。

（2）土样必须按要求烘至恒重，否则会影响测试精度。

（3）烘干的试样应冷却后再称量，以防止热土吸收空气中的水分，避免天平受热不均影响称量精度。

项目 3 土的颗粒分析试验（筛析法）

颗粒级配测试可分为筛析法和沉降分析法。其中沉降分析法又有密度计法和移液管法等。对于粒径大于 0.075 mm 的土粒可用筛析法来测定，而对于粒径小于0.075 mm 的土粒则用沉降分析方法来测定。

这里我们仅对筛析法进行介绍。

3.1 试验目的

测定小于某粒径的颗粒或粒组占砂土质量的百分数，以便了解土的粒度成分，计算出颗粒级配指标，作为砂土分类及土工建筑选料的依据。

3.2 基本原理

筛析法就是将土样通过各种不同孔径的筛子，并按筛子孔径的大小将颗粒加以分组，然后再称量并计算出各个粒组占总量的该土总质量的百分数。筛析法是测定土的颗粒组成最简单的一种试验方法，适用于粒径小于、等于 60 mm，大于 0.075 mm 的土。

3.3 仪器设备

（1）分析筛（见图 3-1）：
① 圆孔粗筛，孔径为 60 mm、40 mm、20 mm、10 mm、5 mm 和 2 mm。
② 圆孔细筛，孔径为 2 mm、1 mm、0.5 mm、0.25 mm、0.075 mm。

（2）称量 1 000 g、最小分度值 0.1 g 的天平；称量 200 g、最小分度值 0.01 g 的天平。

（3）电动振筛机（见图 3-2）。

图 3-1　分析筛

图 3-2　电动振筛仪

（4）烘箱、量筒、漏斗、研钵、瓷盘、不锈钢勺等。

3.4　操作步骤

1. 制备土样

（1）风干土样，将土样摊成薄层，在空气中放 1～2 天，使土中水分蒸发。若土样已干，则可直接使用。

（2）若试样中有结块时，可将试样倒入研钵中，用橡皮头研棒研磨，使结块成为单独颗粒为止。但须注意，研磨力度要合适，不能把颗粒研碎。

（3）从风干松散的土样中，按表 3-1 称取代表性的试样，称量准确至 0.1 g，当试样质量超过 500 g 时，称量应准确至 1 g。

表 3-1　筛析法取样质量

颗粒尺寸/mm	取样质量/g
<2	100～300
<10	300～1 000
<20	1 000～2 000
<40	2 000～4 000
<60	>4 000

用四分法来选取试样,方法如下:将土样拌匀,倒在纸上成圆锥形,然后用尺以圆锥顶点为中心,向一定方向旋转,使圆锥成为 1~2 cm 厚的圆饼状。继而用尺划两条相互垂直的直线,把土样分成四等份,取走相同的两份(见图 3-3、3-4),将留下的两份土样拌匀;重复上述步骤,直到剩下的土样约等于需要量为止。

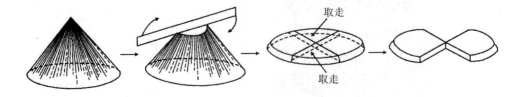

图 3-3　四分法示意图

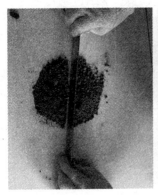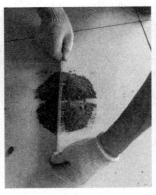

图 3-4　四分法实作示意

2. 过筛及称量

(1)用普通天平称取一定量的试样,准确至 0.1 g。

(2)检查标准筛叠放顺序是否正确(大孔径在上,小孔径在下),筛孔是否干净,若夹有土粒,需刷净。将已称量的试样倒入顶层筛盘中,盖好盖,用手或摇筛机摇振,持续时间一般为 10~15 min,然后按从上至下的顺序取下筛盘,在白纸上用手轻叩筛盘,摇晃,直到筛净为止。将漏在白纸上的土粒倒入下一层筛盘内,按此顺序,直到最末一层筛盘筛净为止。

(3)称量留在各筛盘上的土粒质量,准确至 0.1 g,并测量试样中最大颗粒的直径。若大于 2 mm 的颗粒超过 50%,再用粗筛进行分析。

3.5　成果整理

1. 计算小于某粒径的试样质量占试样总质量的百分比

$$X = \frac{m_{\mathrm{A}}}{m_{\mathrm{B}}} d_x \qquad (3-1)$$

式中：

　　X——小于某粒径的试样质量占试样总质量的百分比(%)；

　　m_{A}——小于某粒径的试样质量(g)；

　　m_{B}——当细筛分析时为所取的试样质量，当粗筛分析时为试样总质量(g)；

　　d_x——粒径小于 2 mm 的试样质量占试样总质量的百分比(%)。

2. 制图

　　以小于某粒径的试样质量占试样总质量的百分比为纵坐标，以颗粒粒径为对数横坐标，在单对数坐标上绘制颗粒大小分布曲线，见图 3-6。

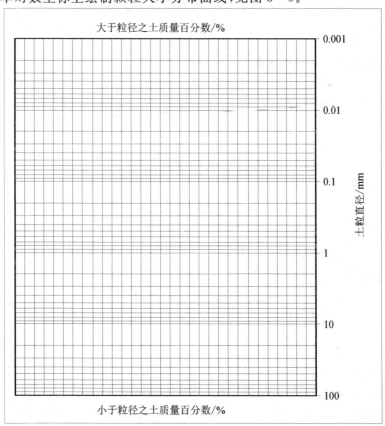

图 3-6　绘制颗粒大小分布曲线

3. 计算不均匀系数

$$C_u = \frac{d_{60}}{d_{10}} \qquad (3-2)$$

式中：

C_u——不均匀系数；

d_{60}——限制粒径,在颗粒大小分布曲线上小于该粒径的土含量占土总质量60％的粒径；

d_{10}——有效粒径,在颗粒大小分布曲线上小于该粒径的土含量占土总质量10％的粒径。

4. 计算曲率系数

$$C_c = \frac{d_{30}^2}{d_{60}d_{10}} \qquad (3-3)$$

式中：

C_c——曲率系数；

d_{30}——在颗粒大小分布曲线上小于该粒径的土含量占土总质量30％的粒径。

5. 试验记录

筛析法颗粒分析试验记录表见表3-2。

表3-2 筛析法颗粒分析试验记录表

工程名称：＿＿＿＿＿＿＿＿＿＿＿＿　　　　试验者：＿＿＿＿＿＿＿＿＿＿＿＿

工程编号：＿＿＿＿＿＿＿＿＿＿＿＿　　　　计算者：＿＿＿＿＿＿＿＿＿＿＿＿

试验日期：＿＿＿＿＿＿＿＿＿＿＿＿　　　　校核者：＿＿＿＿＿＿＿＿＿＿＿＿

风干土质量＝＿＿＿＿g；　小于 0.075 mm 的土占总土质量百分数＝＿＿＿＿％
2 mm 筛上土质量＝＿＿＿＿g；　小于 2 mm 的土占总土质量百分数 d_x＝＿＿＿＿％
2 mm 筛下土质量＝＿＿＿＿g；

土样描述	筛号	孔径/mm	累计留筛土质量/g	分计留筛土质量/g	小于该孔径的土质量/g	小于该孔径的土质量百分数/％
	底盘总计					

3.6　注意事项

（1）在筛析中，尤其是将试样由一器皿倒入另一器皿时，要避免微小颗粒的飞扬。

（2）过筛后，要检查筛孔中是否夹有颗粒，若夹有颗粒，应将颗粒轻轻刷下，放入该筛盘上的土样中，一并称量。

项目 4　土的液、塑限试验

4.1　概述

黏性土的状态随着含水率的变化而变化，当含水率不同时，黏性土可分别处于固态、半固态、可塑状态及流动状态，黏性土从一种状态转到另一种状态的分界含水率称为界限含水率。土从流动状态转到可塑状态的界限含水率称为液限 w_L；土从可塑状态转到半固体状态的界限含水率称为塑限 w_p；土由半固体状态不断蒸发水分，则体积逐渐缩小，直到体积不再缩小时的界限含水率称为缩限 w_s。

土的塑性指数 I_p 是指液限与塑限的差值，由于塑性指数在一定程度上综合反映了影响黏性土特征的各种重要因素，因此，黏性土常按塑性指数进行分类。

界限含水率试验要求土的颗粒粒径小于 0.5 mm，且有机质含量不超过 5%，且宜采用天然含水率试样，但也可采用风干试样，当试样含有粒径大于 0.5 mm 的土粒或杂质时，应过 0.5 mm 的筛。

4.2　液、塑限联合测定法

液、塑限联合测定法是根据圆锥仪的圆锥入土深度与其相应的含水率在双对数坐标上具有线性关系的特性来进行的。利用圆锥质量为 76 g 的液塑限联合测定仪测得土在不同含水率时的圆锥入土深度，并绘制其关系直线图，在图上查得圆锥下沉深度为 10 mm（或 17 mm）所对应的含水率即为液限，查得圆锥下沉深度为 2 mm 所对应的含水率即塑限。

1. 仪器设备

（1）电脑液塑限联合测定仪（见图 4-1、4-2）。

图 4 - 1　电脑液塑限联合测定仪

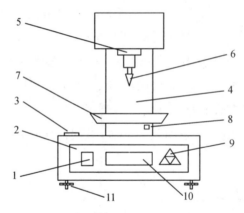

1—开关；2—PVC膜；3—水平泡；4—机座；5—位移传感器；6—试锥；
7—托盘；8—拨杆；9—键盘；10—LCD显示器；11—底脚螺丝。

图 4 - 2　电脑液塑限联合测定仪结构组成示意图

（2）分度值 0.02 mm 的卡尺。

（3）称量 200 g、最小分度值 0.01 g 的天平。

（4）烘箱。

（5）铝制称量盒、调土刀、孔径为 0.5 mm 的筛、滴管、吹风机、凡士林等。

2. 试验目的及要求

细土粒由于含水率不同，分别处于流动状态、可塑状态、半固体状态、固体状态。

液限是细土粒呈可塑状态的上限含水率,塑限是细土粒呈现可塑状态的下限含水率。本试验测定细粒土的液限和塑限含水率,用作计算土的塑性指数和液性指数,作为对土性质和地基承载力的评价依据。

3. 试验原理

对含水率不同的土样进行液塑限联合测定仪的试验,然后分别测定各个土样的含水率。将数据体现在锥入深度 h 和含水率 w 关系图上,图中下沉深度为 10 mm 的点所对应的含水率为液限,下沉深度为 2 mm 的点所对应的含水率为液限。

4. 操作步骤

(1) 取有代表性的天然含水率或风干土样进行试验。如土中含大于 0.5 mm 的颗粒或夹杂物较多时,可采用风干土样,用带橡皮头的研杵研碎或用木棒在橡皮板上压碎土块。试样必须反复研碎,过筛,直至将可用的土块全部通过 0.5 mm 的筛为止。取筛下土样用三皿法或一皿法进行制样。

① 三皿法。用筛下土样 200 g 左右,分开放入三个盛土皿中,如图 4 - 3 所示,用吸管加入不同数量的蒸馏水或自来水,土样的含水率分别控制在液限、塑限以上和它们的中间状态附近。用调土刀调匀,盖上湿布,放置 18 h 以上。

图 4 - 3　三皿法准备试样

② 一皿法。取筛下土样 100 g 左右,放入一个盛土皿中,按三皿法加水、调土、闷土,将土样的含水率控制在塑限以上,进行第一点入土尝试和含水率测定。然后依次加水,按上述方法进行第二点和第三点含水率和入土深度测定,该两点土样的含水率应分别控制在液限、塑限中间状态和液限附近,但加水后要充分搅拌均匀,闷土时间可适当缩短。

(2) 将制备好的土样充分搅拌均匀,分层装入土样试杯,用力压密,使空气逸出。对于较干的土样,应先充分搓揉,用调土刀反复压实。试杯装满后,刮成与杯边齐平,如图 4 - 4 所示。

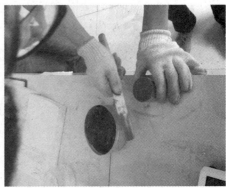

图 4 - 4　装样

　　（3）接通电源，调平机身，打开开关，装上锥体。

　　（4）将装好土样的试杯放在升降座上，手推升降座上的拨杆，使试杯徐徐上升，土样表面和锥体刚好接触，蜂鸣器报警，停止转动拨杆，按检测键，传感器清零，同时锥体立刻自行下沉，5 s 时液晶显示器上显示锥入深度，数据显示停留时间至少 5 s，试验完毕，手拿锥锥体向上，锥体复位（锥体上端有螺纹，可与测杆上螺纹相配），如图 4 - 5 所示。

图 4 - 5　测试土样的锥入深度

　　（5）改变锥尖与土体接触位置（锥尖两次锥入位置距离不小于 1 cm），重复以上步骤，测得锥深入试样深度值，允许误差为 0.5 mm，否则，应重做。

（6）去掉锥尖入土处的凡士林，取 10 g 以上的土样两个，分别放入称量盒内，称重（准确至 0.01 g），测定其含水率 w_1、w_2（计算到 0.1%）。计算含水率平均值 w。

（7）重复步骤（2）至（4），对其他两含水率土样进行试验，测其锥入深度和含水率。

5. 成果整理

（1）计算含水率：

$$w = \frac{m_1 - m_2}{m_2 - m_0} \times 100\%　\qquad(4-1)$$

式中：

w——含水率（%），精确至 0.1%；

m_1——称量盒加湿土质量（g）；

m_2——称量盒加干土质量（g）；

m_0——称量盒质量（g）。

（2）计算塑性指数：

$$I_p = w_L - w_p　\qquad(4-2)$$

式中：

I_p——塑性指数，精确至 0.1；

w_L——液限（%）；

w_p——塑限（%）。

（3）计算液性指数：

$$I_L = \frac{w_0 - w_p}{I_p}　\qquad(4-3)$$

式中：

I_L——液性指数，精确至 0.01；

w_0——天然含水率（%）。

6. 注意事项

（1）在试验中，锥连杆下落后，需要重新提起时，只需将测杆轻轻上推到位，便可自动锁住。

（2）试样杯放置到仪器工作平台上时，需轻轻平放，不与台面相互碰撞，更应避免其他金属等硬物与工作平台碰撞，有助于保持平台的平度。

（3）每次试验结束后，都应取下标准锥，用棉花或布擦干，存放干燥处。

（4）要将标准锥上面的螺纹拧紧到位，尽可能间隙小。

（5）做试验前后，都应该保证测杆清洁。

（6）如果电源电压不稳，出现"死机"现象，各功能键失去作用，可将电源关掉，过

3 s 后,再重新启动即可。

7. 试验记录

液塑限联合测定法试验记录表见表 4-1。

表 4-1 液塑限联合测定法试验记录表

工程名称：_____　　　试验者：_____

工程编号：_____　　　计算者：_____

试验日期：_____　　　校核者：_____

试样编号	圆锥下沉深度/mm	平均圆锥下沉深度/mm	盒号	盒加湿土质量/g	盒加干土质量/g	盒质量/g	水质量/g	干土质量/g	含水率/%	平均含水率/%	液限/%	塑限/%	塑性指数	液性指数

项目 5　土的固结压缩试验

5.1　概述

土的压缩性是指土在压力作用下体积缩小的性能。在工程中所遇到的压力(通常在 16 kg/cm² 以内)作用下,土的压缩可以认为只是由于土中孔隙体积的缩小所致(此时孔隙中的水或气体将被部分排出),至于土粒与水两者本身的压缩性则极微小,可不考虑。

压缩试验是为了测定土的压缩性,根据试验结果绘制出孔隙比与压力的关系曲线(压缩曲线),由曲线确定土在指定荷载变化范围内的压缩系数和压缩模量。

5.2　仪器设备

(1) 小型固结仪,包括压缩容器和加压设备两部分,压缩容器由环刀、护环、透水板、加压上盖等组成,土样面积 30 cm² 或 50 cm²,高度 2 cm;加压设备可采用杠杆式、磅秤式或气压式等加荷设备。加压等级可分为 12.5 kPa、25 kPa、50 kPa、100 kPa、200 kPa等。单杠杆固结仪实物图如图 5-1 所示,结构示意图如图 5-2 所示。

（2）测微表，量程 10 mm，精度 0.01 mm。

图 5 - 1　单杠杆固结仪实物图

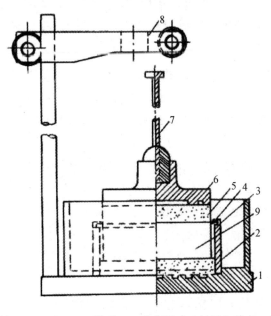

1—水槽；2—护环；3—环刀；4—导环；5—透水石；6—加压上盖；7—位移计导杆；

8—位移计架；9—试样。

图 5 - 2　固结仪结构示意图

（3）天平，最小分度值 0.01 g 及 0.1 g 各一架。

（4）毛玻璃板、滤纸、钢丝锯、秒表、烘箱、削土刀、凡士林、透水石等。

5.3　操作步骤

（1）按工程需要选择面积为 30 cm² 的切土环刀，环刀内壁涂上一薄层凡士林，刀口应向下放在原状土或人工制备的扰动土上，切取原状土样时应与天然状态时的垂直方向一致。

（2）小心地边压边削，注意避免环刀偏心入土，应使整个土样进入环刀并凸出环刀为止，然后用钢丝锯或修土刀将两端余土削去修平，擦净环刀外壁。

（3）测定土样密度，并在余土中取代表性土样，测定其含水率，然后用圆玻璃片将环刀两端盖上，防止水分蒸发。

（4）在固结仪的固结容器内装上带有试样的切土环刀（刀口向下），在土样两端应贴上洁净而润湿的滤纸，放上透水石，然后放入加压导环和加压板以及定向钢球。

（5）检查各部分连接处是否转动灵活，然后平衡加压部分（此项工作由试验室代做）。即转动平衡锤，目测上杠杆水平时，将装有土样的压缩部件放到框架内上横梁下，直至压缩部件之球柱与上横梁压帽之圆弧中心微接触。

（6）横梁与球柱接触后，插入活塞杆，装上测微表，使测微表表脚接触活塞杆顶面，并调节表脚，使其上的短针正好对准 6 字，再将测微表上的长针调整到零，读测微表初读数 R_0。

（7）加载等级：按教学需要本次试验定为 0.5、1.0、2.0、3.0 四级。即 50、100、200、300 kPa（1 kPa＝0.001 N/mm²）四级荷重系累计数值，如第一级荷载 0.5 kg/cm² 需加砝码 1.5 kg，以后三级依次计算准确后加入砝码，加砝码时要注意安全，防止砝码放置不稳定而受伤。

（8）每级荷载经 10 分钟记下测微表读数，读数精确到 0.01 mm。然后再施加下一级荷载，以此类推直到第四级荷载施加完毕，记录测微表读数 R_1、R_2、R_3、R_4。

（9）试验结束后，必须先卸下测微表，然后卸掉砝码，升起加压框架，移出压缩仪器，取出试样后将仪器擦洗干净。

5.4　成果整理

（1）计算试样的初始孔隙比 e_0：

$$e_0 = \frac{G_s \cdot \rho_w (1 + w_0)}{\rho_0} - 1 \qquad (5-1)$$

式中：

　　G_s ——土粒比重；

ρ_w——水的密度,一般可取 1 g/cm^3;

w_0——试样初始含水率;

ρ_0——试样初始密度(g/cm^3)。

(2)计算试样中颗粒净高 h_s:

$$h_s = \frac{h_0}{1 + e_0} \qquad (5-2)$$

式中:

h_0——试样的起始高度,即环刀高度(mm)。

(3)计算试样在任一级压力 P_i(千帕)作用下变形稳定后的试样总变形量 S_i:

$$S_i = R_0 - R_i - S_{ie} \qquad (5-3)$$

式中:

R_0——试验前测微表初读数(mm);

R_i——试样在任一级荷载 P_i 作用下变形稳定后的测微表读数(mm);

S_{ie}——各级荷载下仪器变形量(mm)。(由试验室提供资料。)

(4)计算各级荷载下的孔隙比 e_i:

$$e_i = e_0 - \frac{S_i}{h_0}(1 + e_0) \qquad (5-4)$$

式中:

e_0——试样初始孔隙比;

h_0——试样的起始高度(即环刀高度)(mm);

S_i——第 i 级荷载作用卜变形稳定后的试样总变形量(mm)。

(5)绘制 e-p 压缩曲线。以孔隙比 e 为纵坐标,压力 p 为横坐标,可以绘出 e-p 关系曲线,此曲线称为压缩曲线。

(6)计算某一压力范围内压缩系数 α:

$$\alpha = \frac{e_1 - e_2}{p_2 - p_1}(\text{MPa}^{-1}) \qquad (5-5)$$

式中:$p_1 = 100\text{ kPa}, p_2 = 200\text{ kPa}$。

采用 $p = 100 \sim 200$ kpa 压力区间相对应的压缩系数 α_{1-2} 来评价土的压缩性。α 值是判断土的压缩性高低的一个重要指标。α_{1-2} 的大小将地基土的压缩性分为以下三类:

当 $\alpha_{1-2} \geqslant 0.5\text{ MPa}^{-1}$ 时,为高压缩性土;

当 $0.5\text{ MPa}^{-1} > \alpha_{1-2} \geqslant 0.1\text{ MPa}^{-1}$ 时,为中压缩性土;

当 $\alpha_{1-2} < 0.1\text{ MPa}^{-1}$ 时,为低压缩性土。

(7)计算某一荷载范围的压缩模量 E_s:

$$E_s = \frac{1 + e_i}{a} \qquad (5-6)$$

式中：

    e_i ——孔隙比；

    α ——压缩系数。

（8）试验记录。固结压缩试验记录表见表5-1。

表5-1 固结压缩试验记录表

工程编号：_____   试样面积：_____   试验者：_____

试样编号：_____   土粒相对密度d_s：_____ g/cm^3 计算者：_____

仪器编号：_____   试验前试样高度h_0：20 mm   校核者：_____

试验日期：_____   试验前孔隙比e_0：_____

压力/kPa	50	100	200	300
初读数 R_0				
$1'$				
$2'$				
$3'$				
$4'$				
$5'$				
$6'$				
$7'$				
$8'$				
$9'$				
$10'$				
总变形量/mm $R_0 - R_i$				
试样总变形量/mm $S_i = R_0 - R_i - S_{ie}$				
各级荷载作用下压缩稳定后试样的孔隙比 $e_i = e_0 - (S_i/h_0)(1+e_0)$				

项目6 土的直接剪切试验

6.1 概述

直接剪切试验就是直接对试样进行剪切的试验，简称直剪试验，是测定土的抗剪强度的一种常用方法，通常采用4个试样，分别在不同的垂直压力 p 下，施加水平剪切力，测得试样破坏时的剪应力 τ，然后根据库仑定律确定土的抗剪强度参数内摩擦角 φ 和黏聚力 c。

6.2　仪器设备

（1）直剪仪：采用应变控制式直接剪切仪，如图 6－1、6－2 所示，由剪切盒、垂直加压设备、剪切传动装置、测力计以及位移量测系统等组成。加压设备采用杠杆传动。

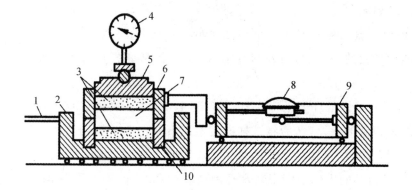

1—轮轴；2—底座；3—透水石；4—测微表；5—活塞；6—上盒；7—土样；8—测微表；
9—量力环；10—下盒。

图 6－1　应变控制式直剪仪结构组成示意图

图 6－2　应变控制式直接剪切仪

（2）测力计：采用应变圈，量表为百分表。

（3）环刀：内径 6.18 cm，高 2.0 cm。

（4）其他：切土刀、钢丝锯、滤纸、毛玻璃板、凡士林等。

6.3 操作步骤

（1）将试样表面削平,用环刀切取试件,测密度,每组试验至少取四个试样,各级垂直荷载的大小根据工程实际和土的软硬程度而定,一般可按 100 kPa、200 kPa、300 kPa、400 kPa（即 1.0 kg/cm²、2.0 kg/cm²、3.0 kg/cm²、4.0 kg/cm²）施加。

（2）检查下盒底部两滑槽内钢珠是否分布均匀,在上下盒接触面上涂抹少许润滑油,对准剪切盒的上下盒,插入固定销钉,在下盒内顺次放洁净透水石一块及湿润滤纸一张。

（3）将盛有试样的环刀平口朝下、刀口朝上,在试样面放湿润滤纸一张及透水石一块,对准剪切盒的上盒,然后将试样通过透水石徐徐压入剪切盒底,移去环刀,并顺次加上传压板及加压框架。

（4）在量力环的内侧中间安装水平测微表,装好后应检查测微表是否装反,表脚是否灵活和呈水平状态,然后按顺时针方向徐徐转动手轮,使上盒两端的钢珠恰好与量力环接触（即量力环中测微表指针被触动）。

（5）顺次小心地加上传压板、钢珠、加压框架和相应质量的砝码（避免撞击和摇动）。

（6）施加垂直压力后应立即拔去固定销（此项工作切勿忘记）。开动秒表,同时以每分钟 4～12 转的均匀速度转动手轮（学生可用 6 r/min）,转动过程不应中途停顿或时快时慢,使试样在 3～5 min 内剪破,手轮每转一圈应测记测微表读数一次,直至量力环中的测微表指针不再前进或有后退,即说明试样已经剪破,如测微表指针一直缓慢前进,说明不出现峰值和终值,则试验应进行至剪切变形达到 4 mm（手轮转 20 转）为止。

（7）剪切结束后,吸去剪切盒中积水,倒转手轮,尽快移去砝码,加压框架、传压板等,取出试样,测定剪切面附近土的剪后含水率。

（8）另装试样,重复以上步骤,测定其他三种垂直荷载（200 kPa、300 kPa、400 kPa）下的抗剪强度。

6.4 成果整理

（1）计算抗剪强度：

$$\tau = CR \tag{6-1}$$

式中：

R——量力环中测微表最大读数,或位移 4 mm 时的读数,精确至 0.01 mm；

C——量力环校正系数（N/mm²/0.01 mm）。

（2）计算剪切位移：

$$\Delta L = 0.2n - R \tag{6-2}$$

式中：

0.2——手轮每转一周,剪切盒位移 0.2 mm;

n——手轮转数。

（3）制图。

① 以剪应力为纵坐标、剪切位移为横坐标,绘制剪应力 τ 与剪切位移 ΔL 的关系曲线。取曲线上剪应力的峰值为抗剪强度,无峰值时,取剪切位移 4 mm 所对应的剪应力为抗剪强度。

② 以抗剪强度为纵坐标、垂直压力为横坐标,绘制抗剪强度与垂直压力关系曲线,直线的倾角为土的内摩擦角 φ,直线在纵坐标上的截距为土的黏聚力 c。

（4）试验记录。直接剪切试验记录表见表 6-1。

表 6-1　直接剪切试验记录表

工程名称：＿＿＿＿＿＿＿　　　　试验者：＿＿＿＿＿＿＿

工程编号：＿＿＿＿＿＿＿　　　　计算者：＿＿＿＿＿＿＿

试验日期：＿＿＿＿＿＿＿　　　　校核者：

仪器编号				
试样面积/cm²				
垂直压力 p/kPa	100	200	300	400
量力环最大变形 R/0.01 mm				
量力环号数				
量力环系数 C/(kPa/0.01 mm)				
抗剪强度/kPa $\tau = CR$				
抗剪强度指标	$C=$　　　kPa,		$\varphi=$　　　°	

项目 7　土的压实度检测试验（击实法）

7.1　概述

在工程建设中,经常会遇到填土或松软地基,为了改善这些土的工程性质,常采用压实的方法使土变得密实。击实试验就是模拟施工现场压实条件,采用锤击方法使土体密度增大、强度提高、沉降变小的一种试验方法。土在一定的击实效应下,如果含水率不同,则所得的密度也不相同,击实试验的目的是测定试样在一定击实次数下或某种压实功能下的含水率与干密度之间的关系,从而确定土的最大干密度和最优含水率,为施工控制填土密度提供设计依据。

击实试验分轻型击实试验和重型击实试验两种方法。轻型击实试验适用于粒径小于 5 mm 的黏性土,其单位体积击实功约为 592.2 kJ/m³;重型击实试验适用于粒径不大于 20 mm 的土,其单位体积击实功约为 2 684.9 kJ/m³。

7.2 压实原理

土的压实程度与含水率、压实功能和压实方法有着密切的关系,当压实功能和压实方法不变时,土的干密度先是随着含水率的增加而增加,但当干密度达到某一最大值后,含水率的增加反而使干密度减小。能使土达到最大密度的含水率,称为最优含水率 w_{0p}(或称最佳含水率),其相应的干密度称为最大干密度 ρ_{dmax}。

土的压实特性与土的组成结构、土粒的表面现象、毛细管压力、孔隙水和孔隙气压力等均有关系,所以因素是复杂的。压实作用使土块变形和结构调整并密实,在松散湿土的含水率处于偏干状态时,由于粒间引力使土保持比较疏松的凝聚结构,土中孔隙大都相互连通,水少而气多。因此,在一定的外部压实功能作用下,虽然土孔隙中气体易被排出,密度可以增大,但由于较薄的强结合水水膜润滑作用不明显,以及外部功能不足以克服粒间引力,土粒相对移动便不显著,所以压实效果就比较差。当含水率逐渐加大时,水膜变厚,土块变软,粒间引力减弱,施以外部压实功能则土粒移动,加上水膜的润滑作用,压实效果渐佳。在最佳含水率附近时,土中所含的水量最有利于土粒受击时发生相对移动,以致能达到最大干密度;当含水率再增加到偏湿状态时,孔隙中出现了自由水,击实时不可能使土中多余的水和气体排出,而孔隙压力升高却更为显著,抵消了部分击实功,击实功效反而下降。在排水不畅的情况下,经过多次的反复击实,甚至会导致土体密度不加大而土体结构被破坏的结果,出现工程上所谓的"橡皮土"现象。

7.3 仪器设备

(1)击实仪,有轻型击实仪和重型击实仪两类,由击实筒、击锤、护筒和导筒等主要部件(见图 7-1)组成,其主要部件尺寸规格见表 7-1。

表 7-1 击实仪主要部件尺寸规格表

试验方法	锤底直径 /mm	锤质量 /kg	落高 /mm	击实筒			护筒高度 /mm	击实功 /(kJ/m³)
				内径/mm	筒高/mm	容积/mm		
轻型	51	2.5	305	102	116	947.4	50	592.2
重型	51	4.5	457	152	116	2 013.9	50	2 684.9

(2)称量 200 g 的天平,感量 0.01 g。

(3)孔径为 5 mm 的标准筛。

图 7-1　击实仪组成

（4）称量 10 kg 的台秤，感量 1 g。

（5）其他，如喷雾器、盛土容器、修土刀及碎土设备等。

7.4　操作步骤

（1）称取具有代表性的风干土样，对于轻型击实试验为 20 kg，对于重型击实试验为 50 kg。碾碎后过 5 mm 的筛，将筛下的土样拌匀，并测定土样的风干含水率。

（2）根据土的塑限预估最优含水率，加水湿润制备不少于五个含水率的试样，含水率依次相差为 2%，且其中有两个含水率大于塑限，两个含水率小于塑限，一个含水率接近塑限。

计算制备试样所需的加水量：

$$m_w = \frac{m}{1+0.01w_h} \times 0.01(w-w_h) \qquad (7-1)$$

式中：

m_w —— 所需的加水量（g）；

w_h ——风干含水率(%);

m ——风干含水率 w_h 时土样的质量(g);

w ——土样要求达到的含水率(%)。

(3)将试样平铺于不吸水的平板上,按预定含水率用喷雾器喷洒所需的加水量,充分搅和并分别装入塑料袋中静置24 h,如图7-2所示。

图7-2 击实试样准备

(4)将击实筒固定在底座上,装好护筒,并在击实筒内涂一薄层润滑油,将搅和的试样分层装入击实筒内,如图7-3所示。对于轻型击实试验,分三层,每层25击;对于重型击实试验,分五层,每层27击,两层接触土面应刨毛,击实完成后,超出击实筒顶的试样高度应小于6 mm。

图7-3 装筒击实试样

(5)取下导筒,用刀修平超出击实筒顶部和底部的试样,擦净击实筒外壁,如图7-4所示,称量击实筒与试样的总质量,准确至1 g,并计算试样的湿密度。

图 7 - 4　修平称量试样

　　（6）用推土器将试样从击实筒中推出，如图 7 - 5 所示，从试样中心处取两份一定量土料（轻型击实试验为 $15\sim30$ g，重型击实试验为 $50\sim100$ g）测定土的含水率，两

图 7 - 5　取样

份土样的含水率的差值应不大于 1%。

7.5 成果整理

（1）按式（7-2）计算干密度：

$$\rho_d = \frac{\rho}{1 + 0.01w} \qquad (7-2)$$

式中：

ρ_d——干密度（g/cm³），准确至 0.01 g/cm³；

ρ——密度（g/cm³）；

w——含水率（%）。

（2）计算饱和含水率：

$$w_{sat} = (\frac{1}{\rho_d} - \frac{1}{G_s}) \times 100\% \qquad (7-3)$$

式中：

w_{sat}——饱和含水率（%）；

其余符号同前。

（3）以干密度为纵坐标、含水率为横坐标，绘制干密度与含水率的关系曲线及饱和曲线，干密度与含水率的关系曲线上峰点的坐标分别为土的最大密度与最优含水率，如不连成完整的曲线时，应进行补点试验。

（4）轻型击实试验中，当试样中粒径大于 5 mm 的土质量小于或等于试样总质量的 30% 时，应对最大干密度和最优含水率进行校正。

① 计算校正后的最大干密度：

$$\rho'_{dmax} = \frac{1}{\dfrac{1 - P_5}{\rho_{dmax}} + \dfrac{P_5}{\rho_w G_{s2}}} \qquad (7-4)$$

式中：

ρ'_{dmax}——校正后试样的最大干密度（g/cm³）；

P_5——粒径大于 5 mm 土粒的质量百分数（%）；

G_{s2}——粒径大于 5 mm 土粒的饱和面干比重，饱和面干比重是指当土粒呈饱和面干状态时的土粒总质量与相当于土粒总体积的纯水 4℃时质量的比值。

② 计算校正后的最优含水率：

$$w'_{0p} = w_{0p}(1 - P_5) + P_5 w_{ab} \qquad (7-5)$$

式中：

w'_{0p}——校正后试样的最优含水率（%）；

w_{0p}——击实试样的最优含水率（%）；

w_{ab}——粒径大于 5 mm 土粒的吸着含水率(%);

其余符号同前。

(5)试验记录。击实试验记录表见表 7-1。

表 7-1　压实度检测试验(击实法)记录表

工程名称:_____　　　　　试验者:_____

工程编号:_____　　　　　计算者:_____

试验日期:_____　　　　　校核者:_____

试验次数				1	2	3	4	5
干密度	筒加土重	g	(1)					
	筒重	g	(2)					
	湿土重	g	(3)	(1)-(2)				
	筒体积	cm³	(4)					
	密度	g/cm³	(5)	(3)/(4)				
	干密度	g/cm³	(6)	(5)/1+w				
含水率	盒号	g						
		g						
	盒质量	g	(3)					
		g						
	盒加温土质量	g	(1)					
		g						
	盒加干土质量	g	(2)					
		g						
	干土质量	g	(5)	(2)-(3)				
		g						
	含水率	g	(6)	(4)/(5)				
		g						
	平均含水率							

项目 8　土的压实度检测试验(灌砂法)

8.1　目的和适用范围

(1)本试验法适用于在现场测定基层(或底基层)、砂石路面及路基土的各种材料压实层的密度和压实度,也适用于沥青表面处治、沥青贯入式路面层的密度和压实度检测,但不适用于填石路堤等有大孔洞或大孔隙材料的压实度检测。

(2)用挖坑灌砂法测定密度和压实度时,应符合下列规定:

① 当集料的最大粒径小于 15 mm、测定层的厚度不超过 150 mm 时,宜采用直径为 100 mm 的小型灌砂筒进行测试。

② 当集料的最大粒径等于或大于 15 mm,但不大于 40 mm,测定层的厚度超过 150 mm,但不超过 200 mm 时,应用直径为 150 mm 的大型灌砂筒进行测试。

8.2　仪具与材料

本试验需要下列仪具与材料:

(1) 灌砂筒(见图 8-1):灌砂筒有大型和小型两种,可根据需要选择采用哪种。灌砂筒的主要尺寸见表 8-1。当尺寸与表中不一致,但不影响使用时,亦可使用。储砂筒筒底中心有一个圆孔,下部装一倒置的圆锥形漏斗,漏斗上端开口,直径与储砂筒的圆孔相同。漏斗焊接在一块铁板上,铁板中心有一圆孔与漏斗上开口相接。在储砂筒筒底与漏斗顶端铁板之间设有开关。开关为一薄铁板,一端与筒底及漏斗铁板铰接在一起,另一端伸出筒身外。开关铁板上也有一个相同直径的圆孔。

图 8-1　灌砂筒

表 8-1　灌砂筒的主要尺寸

结构			小型灌砂筒	大型灌砂筒
储砂筒	直径	mm	100	150
	容积	cm³	2 120	4 600
流砂孔	直径	mm	10	15
金属标定罐	内径	mm	100	150
	外径	mm	150	200
金属方盘基板	边长	mm	350	400
	深	mm	40	50
	中孔直径	mm	100	150

注:如集料的最大粒径超过 40 mm,则应相应地增大灌砂筒标定罐地尺寸。如集料的最大粒径超过 60 mm,灌砂筒和现场试洞的直径应为 200 mm。

（2）金属标定罐：用薄铁板制作的金属罐，上端周围有一罐缘。

（3）基板：用薄铁板制作的金属方盘，盘的中心有一圆孔。

（4）玻璃板：边长约为 $500\sim600$ mm 的方形板。

（5）试样盘：小筒挖出的试样可用饭盒存放，大筒挖出的试样可用 300 mm×500 mm×40 mm 的搪瓷盘存放。

（6）天平或台秤：称量 $10\sim15$ kg，感量不大于 1 g。用于含水率测定的天平精度，对细粒土、中粒土、粗粒土宜分别为 0.01 g、0.1 g、1.0 g。

（7）含水率测定器皿：如铝盒、烘箱等。

（8）量砂：粒径为 $0.30\sim0.60$ mm 或 $0.25\sim0.50$ mm 的清洁干燥的均匀砂，约 $20\sim40$ kg，使用前须洗净、烘干并放置足够的时间，使其与空气的湿度达到平衡。

（9）盛砂的容器：塑料桶等。

（10）其他：凿子、改锥、铁锤、长把勺、长把小簸箕、毛刷等。

8.3　方法与步骤

（1）按现行试验方法对检测试样用同种材料进行击实试验，得到最大干密度（ρ_{dmax}）及最佳含水率。

（2）按规定选用适宜的灌砂筒。

（3）按下列步骤标定灌砂筒下部圆锥体内砂的质量：

① 在灌砂筒筒口高度上向灌砂筒内装砂至距筒顶 15 mm 左右为止。称取装入筒内砂的质量 m_1，准确至 1 g。以后每次标定及试验都应该维持装砂高度与质量不变。

② 将开关打开，使灌砂筒筒底的流砂孔、圆锥形漏斗上端开口圆孔及开关铁板中心的圆孔上下对准，让砂自由流出，并使流出砂的体积与工地所挖试坑内的体积相当（或等于标定罐的容积），然后关上开关。

③ 不晃动储砂筒的砂，轻轻地将灌砂筒移至玻璃板上将开关打开，让砂流出，直到筒内砂不再下流时，将开关关上，并细心地取走灌砂筒。

④ 收集并称量留在玻璃板上的砂或称量筒内的砂，准确至 1 g。玻璃板上的砂就是填满筒下部圆锥体的砂（m_2）。

⑤ 重复上述测量三次，取其平均值。

（4）按下列步骤标定量砂的单位质量 ρ_{s}（g/cm³）：

① 用水确定标定罐的容积 V，准确至 1 mL。

② 在储砂筒中装入质量为 m_1 的砂，并将灌砂筒放在标定罐上，将开关打开，让砂流出。在整个流砂过程中，不要碰动灌砂筒，直到储砂筒内的砂不再下流时，将开

关关闭。取下灌砂筒,称取筒内剩余砂的质量(m_2),准确至 1 g。

③ 计算填满标定罐所需砂的质量 m_a(g):

$$m_a = m_1 - m_2 - m_3 \qquad (8-1)$$

式中:

m_0——标定罐中砂的质量(g);

m_1——装入灌砂筒内砂的总质量(g);

m_2——灌砂筒下部圆锥体内砂的质量(g);

m_3——灌砂入标定罐后,筒内剩余砂的质量(g)。

（4）重复上述测量三次,取其平均值。

（5）计算量砂的单位质量 ρ_s:

$$\rho_s = \frac{m_a}{V} \qquad (8-2)$$

式中:

ρ_s——量砂的单位质量(g/cm^3);

V——标定罐的体积(cm^3)。

（5）试验步骤。

① 在试验地点,选一块平坦表面,并将其清扫干净,其面积不得小于基板面积,如图 8-2 所示。

图 8-2　放置基板

② 将基板放在平坦表面上。当表面的粗糙度较大时,则将盛有量砂(m_5)的灌砂筒放在基板中间的圆孔上,将灌砂筒的开关打开,让砂流入基板的中孔内,直到储砂筒内的砂不再下流时关闭开关。取下灌砂筒,并称量筒内砂的质量(m_6),准确至 1 g。

③ 取走基板,并将留在试验地点的量砂收回,重新将表面清扫干净。

④ 将基板放回清扫干净的表面上(尽量放在原处),沿基板中孔凿洞(洞的直径与灌砂筒一致)。在凿洞过程中,应注意不使凿出的材料丢失,并随时将凿松的材料取出装入塑料袋中,不使水分蒸发,如图 8-3 所示,也可放在大试样盒内。试洞的深度应等于测定层厚度,但不得有下层材料混入,最后将洞内的全部凿松材料取出。对土基或基层,为防止试样盘内材料的水分蒸发,可分几次称取材料的质量。全部取出材料的总质量为 m_w,准确至 1 g。

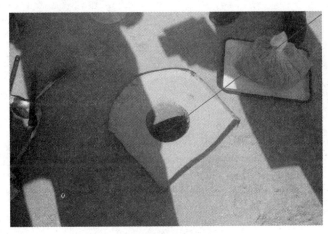

图 8-3　凿洞取料

⑤ 从挖出的全部材料中取有代表性的样品,放在铝盒或洁净的搪瓷盘中,测定其含水率(w ,以%计)。样品的质量,用小灌砂筒测定时,对于细粒土,不少于 100 g;对于各种中粒土,不少于 500 g。用大灌砂筒测定时,对于细粒土,不少于 200 g;对于各种中粒土,不少于 1 000 g;对于粗粒土或水泥、石灰、粉煤灰等无机结合料稳定材料,宜将取出的全部材料烘干,且不少于 2 000 g,称其质量(m_d),准确至 1 g。

⑥ 将基板安放在试坑上,将灌砂筒安放在基板中间(储砂筒内放满砂到要求质量 m_1),使灌砂筒的下口对准基板的中孔及试洞,打开灌砂筒的开关,让砂流入试坑内。在此期间,应注意勿碰动灌砂筒。直到储砂筒内的砂不再下流时,关闭开关。仔细取走灌砂筒,并称量筒内剩余砂的质量(m_4),准确至 1 g。

⑦ 如清扫干净的平坦表面的粗糙度不大,也可省去(2)和(3)的操作。在试洞挖好后,将灌砂筒直接对准放在试坑上,中间不需要放基板。打开筒的开关,让砂流入试坑内。在此期间,应注意勿碰动灌砂筒。直到储砂筒内的砂不再下流时,关闭开关。仔细取走灌砂筒,并称量剩余砂的质量(m'_4),准确至 1 g。

⑧ 仔细取出试筒内的量砂,以备下次试验时再用。若量砂的湿度已发生变化或量砂中混有杂质则应该重新烘干、过筛,并放置一段时间,使其与空气的湿度达到平

衡后再用。

8.4　计算

（1）计算填满试坑所用的砂的质量 m_b（g）。

灌砂时，试坑上放有基板时：

$$m_b = m_1 - m_4 - (m_5 - m_6) \qquad (8-3)$$

灌砂时，试坑上不放基板时：

$$m_b = m_1 - m'_4 - m_2 \qquad (8-4)$$

式中：

m_b ——填满试坑的砂的质量（g）；

m_1 ——灌砂前灌砂筒内砂的质量（g）；

m_2 ——灌砂筒下部圆锥体内砂的质量（g）；

m_4、m'_4 ——灌砂后，灌砂筒内剩余砂的质量（g）；

$(m_5 - m_6)$ ——灌砂筒下部圆锥体内及基板和粗糙表面间砂的合计质量（g）。

（2）计算试坑材料的湿密度 ρ_w（g/cm³）：

$$\rho_w = \frac{m_w}{m_b} \times \gamma_s \qquad (8-5)$$

式中：

m_w ——试坑中取出的全部材料的质量（g）；

γ_s ——量砂的单位质量（g/cm³）。

（3）计算试坑材料的干密度 ρ_d（g/cm³）：

$$\rho_d = \frac{\rho_w}{1 + 0.01\omega} \qquad (8-6)$$

式中：

ω ——试坑材料的含水率（%）。

（4）当为水泥、石灰、粉煤灰等无机结合料稳定土的场合，可按下式计算干密度 ρ_d（g/cm³）：

$$\rho_d = \frac{m_d}{m_b} \times \gamma_s \qquad (8-7)$$

式中：

m_d ——试坑中取出的稳定土的烘干质量（g）。

（5）计算施工压实度：

$$K = \frac{\rho_d}{\rho_{dmax}} \times 100\% \qquad (8-8)$$

式中：

　　K ——测试地点的施工压实度（％）；

　　ρ_d ——试样的干密度（g/cm³）；

　　ρ_{dmax} ——由击实试验得到的试样的最大干密度（g/cm³）。

8.5　试验记录

压实度检测试验（灌砂法）记录表见表 8-2。各种材料的干密度均应准确至 0.01 g/cm³。

表 8-2　压实度检测试验（灌砂法）记录表

试验：　　　　　　　　审核：　　　　　　　　日期：

室内标定	标定罐的质量/g		
	标定罐的体积/cm³		
	灌砂前砂＋筒质量/g		
	灌砂后砂＋筒质量/g		
	标定罐灌入量砂的质量/g		
	量砂密度/（g/cm³）		
室外测试	灌砂前砂＋容器质量/g		
	灌砂后砂＋容器质量/g		
	灌砂筒下部锥体内砂质量/g		
	试坑灌入量砂的质量/g		
	试坑体积/cm³		
	试坑中挖出的湿料质量/g		
	试样湿密度/（g/cm³）		
	含水率 w /％	盒号	
		盒质量/g	
		盒＋湿料质量/g	
		盒＋干料质量/g	
		水质量/g	
		干料质量/g	
		平均含水率/％	
	现场干密度/（g/cm³）		

项目 9　土的渗透试验

9.1　基本概念、原理及目的

土的渗透性是指土体具有被液体透过的性质。土的渗透性研究主要包括渗流量问题、渗透破坏问题和渗流控制问题等方面。

根据达西定律,均匀砂土在层流条件下,土中水的渗透速度与单位渗流长度的能量(水头)损失和溢出断面积成正比,且与土的渗透性质有关。

土的渗透系数是反映土的渗透能力的定量指标,只能通过试验直接测定。其测定的方法分为室内渗透试验和现场渗透试验两大类。室内渗透试验可分常水头法和变水头法两种。现场测定渗透系数常用现场井孔抽水试验或井孔注水试验的方法。

本试验的目的在于测定土的渗透系数。

9.2　试验方法和适用范围

(1) 常水头渗透试验适用于粗粒土,变水头渗透试验适用于细粒土。

(2) 试验采用的纯水,应在试验前用抽气法或煮沸法脱气。试验时的水温宜高于试验室的温度 3～4℃。

(3) 本试验以水温 20℃为标准温度,标准温度下的渗透系数应按下式计算:

$$k_{20} = k_T \frac{\eta_T}{\eta_{20}} \tag{9-1}$$

式中:

k_{20} ——标准温度时试样的渗透系数(cm/s);

η_T ——温度为 T 时水的动力粘滞系数(kPa·s);

η_{20} ——20℃时的水的动力粘滞系数(kPa·s)。

(4) 根据计算的渗透系数,应取 3～4 个在允许差值范围内的数据的平均值作为试样在该孔隙比下的渗透系数(允许差值不大于 2×10^{-n})。

(5) 当进行不同孔隙比下的渗透试验时,应以孔隙比为纵坐标、渗透系数的对数为横坐标,绘制关系曲线。

9.3　常水头渗透试验

1. 主要仪器设备

常水头渗透仪装置:由金属封底圆筒、金属孔板、滤网、测压管和供水瓶组成。金属圆筒内径为 10 cm、高为 40 cm。当使用其他尺寸的圆筒时,圆筒内径应大于试样最大粒径的 10 倍。

2. 试验步骤

(1) 装好仪器,量测滤网至筒顶的高度,将调节管和供水管相连,从渗水孔向圆筒充水至高出滤网顶面。

(2) 取具有代表性的风干土样 3~4 kg,测定其风干含水率。将风干土样分层装入圆筒内,每层 2~3 cm,根据要求的孔隙比,控制试样厚度。当试样中含黏粒时,应在滤网面上铺 2 cm 厚的粗砂作为过滤器,防止细粒流失,每层试样装完后从渗水孔圆筒充水至试样顶面,最后一层试样应高出测压管 3~4 cm,并在试样顶面铺砾石作为缓冲层。当水面高出试样顶面时,应继续充水至溢水孔有水溢出。

(3) 量试样顶面至筒顶高度,计算试样高度,称剩余土样的质量,计算试样质量。

(4) 检查测压管水位,当测压管与溢水孔水位不平时,用吸球调整测压管水位,直至两者水位齐平。

(5) 将调节管提高至溢水孔以上,将供水管放入圆筒内,开止水夹,使水由顶部注入圆筒,降低调节管至试样上部 1/3 高度处,形成水位差,使水渗入试样,经过调节管流出。调节供水管止水夹,使进入圆筒的水量多于溢出的水量,溢水孔始终有水溢出,保持圆筒内水位不变,试样处于常水头下渗透。

(6) 当测压管水位稳定后,测记水位,并计算各测压管之间的水位差。按规定时间记录渗出水量,接取渗出水量时,调节管口不得浸入水中,测量进水和出水处的水温,取平均值。

(7) 降低调节管至试样的中部和下部 1/3 处,按(5)、(6)的步骤重复测定渗出水量和水温,当不同水力坡下测定的数据接近时,结束试验。

(8) 根据需要,改变试样的孔隙比,继续试验。

3. 计算公式

$$k_T = \frac{QL}{AHt} \tag{9-2}$$

式中:

k_T ——水温为 T 时试样的渗透系数(cm/s);

Q ——时间 t 内的渗出水量(cm^3);

L ——两测压管中心间的距离(cm);

A ——试样的断面积(cm^2);

H ——平均水位差(cm);

t ——时间(s)。

注意:标准温度下的渗透系数应按式(9-1)计算。

9.4 变水头渗透试验

1. 主要仪器设备

(1)渗透容器:由环刀、透水石的渗透容器、套环、上盖和下盖组成。环刀内径为 61.8 mm、高为 40 mm,透水石的渗透系数应大于 10^{-3} cm/s。

(2)变水管装置:由渗透容器、变水头管、供水瓶、进水管等组成。变水头管的内径应均匀,管径不大 1 cm,管外壁应有最小分度为 1.0 mm 的刻度,长度宜为 2 m 左右。

2. 试验步骤

(1)试样制备同常水头渗透试验,并应测定试样的含水率和密度。

(2)将装有试样的环刀装入渗透容器,用螺母旋紧,要求密封至不漏水、不漏气。对不易透水的试样,应进行抽气饱和;对饱和试样和较易透水的试样,直接用变水头装置的水头进行试样饱和。

(3)将渗透容器的进水口与变水头管连接,利用供水瓶中的纯水向进水管注满水,并渗入渗透容器,开排气阀,排除渗透容器底部的空气,直至溢出水中无气泡,关排水阀,放平渗透容器,关进水管夹。

(4)向变水头注纯水,使水升至预定高度,水头高度根据试样结构的疏松程度确定,一般不应大于 2 m,待水位稳定后切断水源,开进水管夹,使水通过试样,当出水口有水溢出时开始测记变水管中起始水头高度和起始时间,按预定时间间隔测记水头和时间的变化,并测记出水口的水温。

(5)将变水头管中的水位变换高度,待水位稳定再进行测记水头和时间变化,重复试验 5~6 次。当不同开始水头下测定的渗透系数在允许差值范围内时,结束试验。

3. 计算公式

$$k_T = 2.3 \frac{aL}{A(t_2 - t_1)} \lg \frac{H_1}{H_2} \qquad (9-3)$$

式中:

a ——变水头管的断面积(cm^2);

2.3——ln 和 lg 的变换因数;

L ——渗径,即试样高度(cm);

t_1、t_2 ——分别为测读水头的起始和终止时间(s);

H_1、H_2 ——起始和终止水头。

9.5 试验记录

渗透试验记录表见表 9-1。

表 9-1 渗透试验检测记录表

试验室名称：　　　　　　　　记录编号：

工程部位/用途		委托/任务编号	
样品名称		样品编号	
试验地点		来样日期	
试验依据		样品描述	
试验条件	温度：℃ 湿度：%	试验日期	
主要仪器设备及编号：			

试样高度_____ cm　试样断面积_____ cm²　测压管面积_____ cm²　土粒比重_____　孔隙比_____

开始 t_1 /日时分	终了 t_2 /日时分	历时 t/s	开始水头 h_1/cm	终了水头 h_2/cm	2.3/ (aL/At) /(cm/s)	lg (H_1/H_2)	平均水温 t/℃	水温 t℃时渗透系数 k_t/(cm/s)	校正系数 η_t/η_{20}	水温 20℃时渗透系数 k_{20}/(cm/s)	平均渗透系数 $\bar{k}_{20}$/ (cm/s)

备注：

试验：　　　　　　复核：　　　　　　　　　日期：　年　月　日

第3篇 土工原位测试部分

概　述

在岩土工程勘察过程中,为了取得工程设计所需要的反映地基岩土体物理、力学、水理性质指标,以及含水层参数等定量指标,要求对上述性质进行准确的测试工作,这种测试仅靠勘探中采取岩土样品在试验室内进行试验往往是不够的。试验室一般使用小尺寸试件,不能完全确切地反映天然状态下的岩土性质,特别是对难于采取原状结构样品的岩土体。因而有必要在现场进行试验,测定岩土体在原位状态下的力学性质及其他指标,以弥补试验室测试的不足。野外试验亦称现场试验、就地试验、原位测试。许多试验方法是随着对岩土体的深入研究而发展起来的。

1. 野外试验的目的

(1) 在岩土体处于天然状态下,利用原地切割的较大尺寸的试件进行各种测试,取得可靠的岩土体物理、力学、水理性质指标。

(2) 对某些因无法采取原状样品进行室内试验的岩土体进行测试。如:裂隙化岩石、液态黏性土(低液限黏土、淤泥)、砂砾。

(3) 完成或实现室内无法测定的试验内容。如:地下洞室围岩应力,岩体裂隙的连通性、透水性,含水层的渗透性等。

(4) 为施工(基坑开挖、地基处理)提供可靠的数据。

2. 野外试验的分类

(1) 岩土力学性质的野外测定。

① 土体力学性质试验:载荷试验,旁压试验,静、动触探试验,十字板剪切试验。

② 岩体力学性质试验:岩体变形静力法试验,声波测试(动力法)试验,岩体抗剪试验,点荷载强度试验,回弹锤测试,便携式弱面剪试验。

(2) 岩体应力测定。测定岩体天然应力状态下及工程开挖过程中应力的变化。如:地下洞室开挖。

(3) 水文地质试验。如:钻孔压水试验(裂隙岩体)、抽水试验(中、强富水性含水层)、注水试验(干、松散透水层)、岩溶裂隙连通试验等。

(4) 改善土、石性能的试验。此类试验能为地基改良和加固处理提供依据。如：灌浆试验、桩基试验等。

3. 野外试验的新进展

近年来我国岩土工程原位测试与现场监控技术有了长足的进步,在长期实践过程中,在测试仪器和方法、理论分析、成果应用等方面积累了丰富的经验。主要发展如下:

(1) 土体原位测试中,主要体现在旁压试验仪器的改进和静力触探技术的发展方面。

(2) 岩体变形试验中,采用了大面积($d=1.0\,\mathrm{m}$)中心孔柔性承压板法和钻孔弹模计(可测 100 m 厚度内岩体变形)。

(3) 岩体剪切试验中,发展了现场三轴试验技术。进一步研究了岩体三维状态下的变形、破坏机制及强度特征,并相应发展了三维数值模拟与物理模型相结合进行岩体强度预测。

(4) 发展了岩体应力测试技术,在测试元件和套钻技术(应力解除法)方面有很多发展。水电部门进行了声波发射法(刻槽)和应力解除法的对比研究,取得进展。声波法可用于测定岩体历史上受过的最大应力值,而应力解除法是测定现存应力值。

(5) 研究了钻孔压水试验方法,由原来的苏联压水试验体系向国际通用压水试验方法改进,采用了法国地质师吕荣提出的吕荣试验法。此外,还研究了一些特殊的压水试验方法,如多孔压水试验、压气试验等。

4. 土体原位测试的优缺点

土体原位测试一般是指在岩土工程勘查现场,在不扰动或基本不扰动土层的情况下对土层进行测试,以获得所测土层的物理力学性质指标及划分土层的一种土工勘测技术。它是一项自成体系的试验科学,在岩土工程勘察中占有重要位置。这是因为它与钻探、取样、室内试验的传统方法比较起来,具有下列明显优点:

(1) 可在拟建工程场地进行测试,无须取样,避免了因钻探取样所带来的一系列困难和问题,如原状样扰动问题等。

(2) 原位测试所涉及的土尺寸较室内试验样品要大得多,因而更能反映土的宏观结构,如裂隙等对土的性质的影响。

5. 原位测试的工程应用

(1) 岩土工程勘察。

(2) 地基基础的质量检测。

(3) 基坑开挖的检测与监测。

（4）岩体原位应力测试。

（5）公路、隧道、大坝、边坡等大型工程的监测和检测。

6. 土体原位测试技术的种类

土体原位测试方法很多，可以归纳为下列两类：

（1）土层剖面测试法。它主要包括静力触探、动力触探、扁铲松胀仪试验及波速法等。土层剖面测试法具有可连续进行、快速经济的优点。

（2）专门测试法。它主要包括载荷试验、旁压试验、标准贯入试验、抽水和注水试验、十字板剪切试验等。土的专门测试法可得到土层中关键部位土的各种工程性质指标，精度高，测试成果可直接供设计部门使用。其精度超过室内试验的成果。

岩土工程原位测试技术是岩土工程的重要组成部分。无数实践经验和理论计算表明，岩土的工程性质试验成果和精度，会因其种类、状态、试验方法和技巧的不同而有较大的出入。和室内试验相比，原位测试的代表性好、测试结果精度较高，因而较为可靠。在岩土工程中，选用正确的参数远比选用计算方法重要，因而岩土工程的原位测试在岩土工程中占据了重要的地位。沈珠江院士认为，可靠的土质参数只能通过原位测试取得。近 20 年来，岩土工程原位测试技术受重视的程度愈来愈高，以全国性的地基基础设计规范和勘察规范为例，在《工业与民用建筑地基基础设计规范》TJ 7-74（试行）中只在附录中列入了触探试验与单桩静载荷试验要点，而在《建筑地基基础设计规范》GB50007—2011 的附录中则增加了地基土载荷试验要点、岩基载荷试验要点、标准贯入和轻便触探试验要点，与 TJ 7-74（试行）相比，原位测试的分量加重了，到《岩土工程勘察规范》GB50021—2001（2009 年版），已将原位测试单独列为一章，包含了载荷试验等十种在勘察、设计阶段常用的原位测试方法。由此可见，岩土工程原位测试技术的地位是愈来愈重要了。而且，岩土工程原位测试技术的应用范围并不限于勘察设计阶段，在施工和施工验收阶段，原位测试也有重要的应用。

岩土工程多为隐蔽性工程，由于岩土性质复杂多变，加之结构体与岩土体之间的相互作用难以把握，故岩土工程中发生事故的概率很大而且难于发现和补救。因此，重视和强化岩土工程中的监测和检测工作是十分必要的，而原位测试（检测）是实际工作中最常用也是最直观可靠的技术手段。

项目 1   地基静载荷试验

试验目的：确定地基的承载力和变性特征，螺旋板载荷试验尚可估算地基土的固结系数。

地基静载荷试验包括平板载荷试验和螺旋板载荷试验。

载荷试验相当于在工程原位进行的缩尺原型试验,即模拟建筑物地基土的受荷条件,比较直观地反映地基土的变形特性。该法具有直观和可靠性高的特点,在原位测试中占有重要地位,往往成为其他方法的检验标准。载荷试验的局限性在于费用较高、周期较长和压板的尺寸效应。

1.1　试验设备和方法

1.1.1　试验设备

平板载荷试验因试验土层软硬程度、压板大小和试验面深度等不同,采用的测试设备也很多。除早期常用的压重加荷台试验装置外,目前国内采用的试验装置,大体可归纳为由承压板、加荷系统、反力系统、观测系统四部分组成,其各部分机能是:加荷系统控制并稳定加荷的大小,通过反力系统反作用于承压板,承压板将荷载均匀传递给地基土,地基土的变形由观测系统测定。

1. 承压板

承压板可用混凝土、钢筋混凝土、钢板、铸铁板等制成,多以肋板加固的钢板为主。要求压板具有足够的刚度,不破损、不挠曲,压板底部光平,尺寸和传力重心准确,搬运和安置方便。承压板形状可加工成正方形或圆形,其中圆形压板受力条件较好,使用最多。

我国勘察规范规定,承压板面积一般宜采用 $0.25\sim0.50\ \text{m}^2$,对均质密实的土,可采用 $0.1\ \text{m}^2$,对软土和人工填土,不应小于 $0.5\ \text{m}^2$。但各国和国内各部门采用的承压板面积不尽相同,如日本常用 $900\ \text{cm}^2$ 的方形承压板,苏联常用 $0.5\ \text{m}^2$ 的承压板,中国铁路设计集团有限公司则根据自己的经验,按如下原则选取:

(1) 碎石类土:压板直径宜大于碎、卵石最大粒径的 10 倍。

(2) 岩石地基:压板面积 $1\ 000\ \text{cm}^2$。

(3) 细颗粒土:压板面积 $1\ 000\sim5\ 000\ \text{cm}^2$。

(4) 视试验的均质土层厚度和加荷系统的能力、反力系统的抗力等确定,以确保载荷试验能得出极限荷载。

2. 加荷系统

加荷系统是指通过承压板对地基施加荷载的装置,大体有以下两种:

(1) 压重加荷装置。一般将规则方正或条形的钢锭、钢轨、混凝土件等重物,依次对称置放在加荷台上,逐级加荷,此类装置费时费力且控制困难,已很少采用,如图 1-1 所示。

图 1-1 现场压重加荷方式

（2）千斤顶加荷装置。根据试验要求,采用不同规格的手动液压千斤顶加荷,并配备不同量程的压力表或测力计控制加荷值。

3. 反力系统

一般反力系统由主梁、平台、堆载体（锚桩）等构成。

4. 观测系统

观测系统包括基准梁、位移计、磁性表座、油压表（测力环）。

机械类位移计可采用百分表,其最小刻度为 0.01 mm,量程一般为 5～30 mm,为常用仪表。电子类位移计一般具有量程大、无人为读数误差等特点,可以实现自动记录和绘图。油压表一般为机械式,人工测读。

测试用的仪表均需定期标定,一般一年标定一次或维修后标定,标定工作原则上送去具有相应资质的计量局或专业厂进行。

1.1.2 设备的现场布置

当场地尚未开挖基坑时,需在研究的土层上挖试坑,坑底标高与基底设计标高相同。如在基底压缩层范围内有若干不同性质的土层,则对每一土层均应挖一试坑,坑底达到土层顶面,在坑底置放刚性压板。试坑宽度不小于压板宽度的三倍。设备的具体布置方式有如下两种。

1. 堆载平台方式

堆载平台方式示意图见图 1-2。

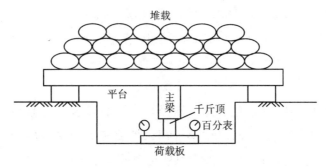

图 1-2　堆载平台方式示意图

2. 锚桩反力梁方式

设备安装时应确保荷载板与地基表面接触良好,且反力系统和加荷系统的共同作用力与承压板中心在一条垂线上。当对试验的要求较高时,可在加荷系统与反力系统之间,安设一套传力支座装置,它是借助球面、滚珠等调节反力系统与加荷系统之间的力系平衡,使荷载始终保持竖直传力状态。锚桩反力梁方式示意图见图 1-3。

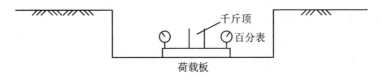

图 1-3　锚桩反力梁方式示意图

1.1.3　测试方法与数据采集

平板载荷试验(见图 1-4)适用于浅层地基,螺旋板载荷试验适用于深层地基或地下水位以下的地基。

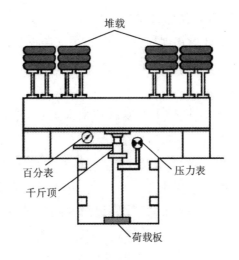

图 1-4　荷载试验分析示意图

压板形状和尺寸的选择：一般用圆形刚性压板；一般地基选用面积为 0.25～0.5 m² 的压板；岩石地基根据节理裂隙的密度，一般选用直径为 300 mm 的圆形压板（《建筑地基基础设计规范》GB 50007—2011，以下简称《地基规范》）；复合地基根据加固体的布置情况来选用。

试验用的加载设备，最常见的是液压千斤顶加载设备。位移测试可采用机械式百分表或电测式位移计，测试时将位移计用磁性表座固定在基准梁上。液压加载设备和位移量测设备要定期标定，以最大可能地消除其系统误差。

试验的加载方式可采用分级维持荷载沉降相对稳定法（慢速法）、分级加荷沉降非稳定法（快速法）和等沉降速率法，以慢速法为主。

载荷试验较费时费力，在勘测设计阶段，一般是根据工程设计要求，在一条线路或一个工程地质分区内，选择具有代表性的均质地层（厚度大于 2 倍压板直径）进行试验。而在施工检验阶段，可参考《地基规范》对于慢速法加载过程的规定：

（1）荷载分级：不少于 8 级，总加载量不应少于荷载设计值的两倍。

（2）稳定标准：当连续两小时内，每小时内沉降增量小于 0.1 mm 时，则认为沉降已趋稳定，可施加下一级荷载。

（3）数据测读：每级加载后，按间隔 10、10、10、15、15 min 对数据进行测读，之后再每半小时读一次沉降，直至沉降稳定。

（4）加载终止标准：

① 承压板周围的土明显地侧向挤出；

② 沉降急骤增大，荷载—沉降曲线出现陡降段；

③ 在某一级荷载的作用下，24 h 内沉降速率不能达到稳定标准；

④ $s/b \geqslant 0.06$（b：承压板宽度或直径）。

（5）卸载：该规范没有对卸载过程做出规定，但完整的试验应包含卸载过程。

注意各规范的规定有一些差别。

（6）试验操作过程：

① 正式加荷前，将试验面打扫干净以观测地面变形，将百分表的指针调至接近最大读数的位置。

② 按规定逐级加荷和记录百分表读数，达到沉降稳定标准后再施加下一级荷载，一般在加荷五级或已能定出比例界限点后，注意观测地基土产生塑性变形使压板周围地面出现裂纹和土体侧向挤出的情况，记录并描绘地面裂纹形状（放射状或环状、长短粗细）及出现时间。

③ 试验过程的各级荷载要始终确保稳压，百分表行程接近零值时应在加下一级荷载前调整，并随时注意平台上翘、锚桩拔起、撑板上爬、撑杆倾斜、坑壁变形等不安

全因素,及时采取处置措施,必要时可终止试验。

快速法加载:特点是加荷速率快、试验周期短,一般情况下试验过程仅需数小时至十多个小时,但其测试成果和适用条件与常规方法略有差异。

快速载荷试验仍是逐级加荷,但前后两级加荷的间隔时间是固定的,一般为 10～30 min,有规定为 60 min 的。根据研究结果,在比例界限点以内的弹性变形阶段,快速载荷试验的沉降量 s 一般偏小,当荷载超过 p_{cr} 后地基土已处于塑性变形阶段,快速载荷试验的沉降量 s 一般增幅较大,当荷载接近或超过地基土的极限荷载时,快速与常规两种试验的 p-s 曲线(见图 1-5)逐渐接近,所定极限荷载值相同或差一个荷载级。因此,两种试验方法确定的 p_{cr}、p_{u} 和基本承载力 σ_0 值基本相近,其极差(最大与最小值间)不会超过平均值的 30%,符合规范要求。快速载荷试验主要适用于沉降速率快的地层,如岩石、碎石类土、砂类土等,对无须做沉降检算的建筑物,结合施工时限也可对黏性土地层采用快速试验。

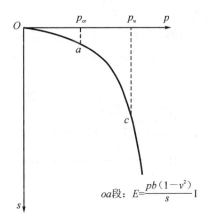

oa 段: $E=\dfrac{pb(1-v^2)}{s}I$

图 1-5　p-s 曲线示意图

1.2　基本测试原理

平板载荷试验(plate loading test,PLT)是一种最古老的,并被广泛应用的土工原位测试方法。平板载荷试验是指在板底平整的刚性承压板上加荷,荷载通过承压板传递给地基,以测定天然埋藏条件下地基土的变形特性,评定地基土的承载力,计算地基土的变形模量并预估实体基础的沉降量。平板载荷试验的理论依据一般是假定地基为弹性半无限体(具有变形模量 E_0 和泊松比 v),按弹性力学的方法导出表面局部荷载作用下地基土的沉降量 s 计算公式。

1.2.1　荷载板的刚度效应

压板的刚度会对地基反力的分布产生显著的影响。当压板的刚度有限时,在中心荷载的作用下,基底压力视压板刚度而有不同的分布特征。但实际上,根据圣文南原理,当一个力系作用于弹性介质上,如其总量保持不变而仅只分布形式发生变化,那么受影响的部位仅局限于力系作用点的附近。所以,压板刚度对地基变形的影响是有限的,但压板刚度对位移测试结果的影响是显而易见的。故荷载板必须有足够的刚度。

1.2.2　影响深度

鉴于加荷能力和刚性压板的假设,压板的尺寸一般较小,其影响深度也是有限的。一般认为,平板载荷试验只能反映 2 倍压板宽度的深度以内的土性。所以,压板试验的压板尺寸也不宜过小,特别是当场地内含有软弱下卧层时。

1.2.3　荷载板的尺寸效应

由于载荷试验具有缩尺模型和反映土的变形特性的直观特点,国内外多将平板载荷试验作为确定地基承载力的基本方法,《地基规范》规定:对破坏后果很严重的一级建筑物(如高层建筑等),应结合当地经验采用载荷试验、理论公式计算及其他原位试验等方法综合确定;以静力触探、旁压仪及其他原位试验确定地基承载力时,应与载荷试验进行对比后确定。

但荷载板的尺寸一般远小于建筑物的基础尺寸,故其影响深度极为有限,由试验得出的 p-s 曲线具有模型试验的特征,不能代表基础的荷载与沉降之间的关系,所求得的变形模量也不能盲目地用于整个压缩层。一般而言,当荷载集度 p 相同时,基础的面积越大,所产生的总沉降也越大。特别是当基底下含有软弱下卧层时更需注意。

1.3　试验成果的整理分析

1.3.1　试验成果的整理

1. 原始读数的计算复核

对位于承压板上百分表的现场记录读数,求取其平均值,计算出各级荷载下各观测时间的累计沉降量,对于监测地面位移的百分表,分别计算出各地面百分表的累计升降量。经确认无误后,可以绘制所需要的各种实测曲线,供进一步分析之用。

2. 异常数据处理

大量实测结果表明,当地基土的均匀性尚可且测试过程正常时,测试得出的主要曲线(p-s 曲线)是比较光滑的。所谓异常数据是指背离这一规律性的数据。比如 p-s 曲线上的某一点背离曲线很多,或随着加载的进行压板变形过小甚至产生反方向的位移,油压表或百分表的读数产生跳跃等。防止出现异常数据,其措施是对仪器仪表进行保养维修、定期标定并经常检查,试验过程中要经常观察,及时发现问题,尽早排除设备故障,同时,压板的选择、基准梁的选择安装等都非常重要。

在资料分析阶段发现个别点数据异常时,只要不对结果的判断有太大的影响,可以将其舍去。

若测试中的异常点过多,则该次试验为不合格,应重新进行试验。

3. 曲线绘制

一般地,地基静载荷试验主要应绘制 $p\text{-}s$ 曲线,但根据需要,还可绘制各级荷载作用下的沉降和时间之间的关系曲线以及地面变形曲线。

完整的 $p\text{-}s$ 曲线包含了 3 个阶段,如图 1-6 所示。

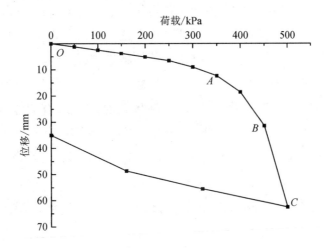

图 1-6　某地基静载试验的荷载-位移曲线($p\text{-}s$ 曲线)

OA 段为弹性阶段,曲线特征为近似线性,基本上反映了地基土的弹性性质,A 点为比例界限,对应的荷载称为临塑荷载;

AB 段为塑性发展阶段,曲线特征为曲率加大,表明地基土由弹性过渡到弹塑性,并逐步进入破坏阶段;

BC 段为破坏阶段,曲线特征为产生陡降段,C 点对应的荷载称为破坏荷载,在该级荷载作用下压板的沉降通常不能稳定或总体位移太大,C 点荷载的前一级荷载(不一定是 B 点)称为极限荷载。

若绘出的 $p\text{-}s$ 曲线的直线段不通过坐标原点,可按直线段的趋势确定曲线的起始点,以便对 $p\text{-}s$ 曲线进行修正。

1.3.2　地基承载力的判断

就总体而言,建筑物的地基应有足够的强度和稳定性,这也就是说地基要有足够的承载能力和抗变形能力。确定地基的承载力时既要控制强度,一般至少确保安全系数不小于2,又要能确保建筑物不致产生过大沉降。但具体到各类工程时侧重点有所不同,这与工程的使用要求和使用环境有关。铁路建筑物一般以强度控制为主、变形控制为辅;工业与民用建筑则一般以变形控制为主、强度控制为辅。

《地基规范》附录 C 对于确定地基承载力的规定如下:

(1)当 $p-s$ 曲线上有明确的比例界限时,取该比例界限所对应的荷载值。

(2)当极限荷载小于对应比例界限的荷载值的 2 倍时,取极限荷载值的一半。

(3)不能按上述两款要求确定时,当压板面积为 $0.25\sim0.5$ m^2,可取 $s/b=0.01\sim0.015$所对应的荷载,但其值不应大于最大加载量的一半。

在求得地基承载力实测值后,该规范规定按下述方法确定地基承载力特征值:同一土层参加统计的试验点不应少于 3 点,当试验实测值的极差不超过其平均值的30%时,取此平均值作为该土层的地基承载力特征值 f_{ak}。

中国铁路设计集团有限公司曾对全国各地的五百多个载荷试验资料进行分析,认为地基基本承载力 σ_0 的取值标准应与地基土的性质结合起来考虑,具体做法如下:

(1)对 $Q_1\sim Q_3$ 的老黏性土和 $Q_1\sim Q_2$ 的老黄土,比例界限对应的 s/d 的平均值为 0.03,取相应荷载值的 $1/2$ 定 σ_0,其对应的 s/d 的平均值为 0.007。

(2)对一般 Q_4 黏性土、$Q_3\sim Q_4$ 新黄土、砂类土一般以比例界限定 σ_0,它所对应的 s/d 值如下:

① $I_p>10$ 的黏性土和新黄土平均为 0.01;

② $I_p\leqslant10$ 的黏性土平均为 0.012;

③ 砂类土平均为 0.015。

当比例界限 p_{cr} 和极限荷载 p_u 不明显时,以 $s/d=0.06$ 对应的荷载当作 p_2,并以 $p_2/2$ 定 σ_0。

3. 对于高压缩性软弱土层

一般仍以 p_{cr} 定 σ_0,在满足建筑物的沉降要求时,也可取 $s/d=0.02$ 对应的荷载定为 σ_0。

1.3.3　变形模量计算

确定地基土的变形模量的可靠方法是原位测试,原位测试方法中较好的也较有成效的是现场静载荷试验和旁压试验。本节介绍载荷试验确定变形模量 E_0 的方法。根据压力-沉降曲线,如图 1-6,曲线前部的 OA 段大致成直线,说明地基的压力与变形呈线性关系,地基的变形计算可应用弹性理论公式。于是借用前述公式可算出土

的变形模量 E_0。具体做法是,在 p-s 曲线的直线段 OA 上可以任选一点 p_1 和对应的 s_1,代入公式(1-1),即可算出压板下压缩土层(大致 3B 或 3D 厚)内的平均 E_0 值,并可用于计算地基沉降。要注意的是,如果地表以下不远处还含有软弱下卧层,把表层荷载试验所得的 E_0 用于全压缩层的总沉降计算,其结果必然较地基的实际沉降为低,这是偏危险的。因此,在进行地基沉降计算前务必把地层情况搞清楚。如在基底压缩层范围内发现弱下卧土层,必须对软土层进行荷载试验,以掌握压缩层的全部变形参数,才能既安全又准确地估算出地基沉降来。

$$E_0 = \omega(1 - \mu^2) p_1 b / s_1 \tag{1-1}$$

式中:

　　E_0——变形模量(MPa);

　　ω——荷载板形状系数;

　　μ——土的泊松比;

　　b——承压板直径或边宽(m);

　　p_1—— p-s 曲线起始线性段的荷载(kPa);

　　s_1—— 与 p_1 对应的沉降(mm)。

1.3.4　确定地基的基床系数

p-s 曲线前部直线段的坡度,即压力与变形比值 p/s,称为地基基床系数 $k(kN/m^3)$,这是一个反映地基弹性性质的重要指标,在遇到基础的沉降和变形问题特别是考虑地基与基础的共同作用时,经常需要用到这一参数。

地基基床系数 k 可以直接按定义确定。

1.4　实例分析

如载荷试验中采用直径为 1.128 m 的圆形压板,得出的 p-s 曲线如图 1-6 所示,已知压板下的地基土较为均匀,其横向变形系数 v 可取为 0.25,试确定该地基土的极限荷载 p_u、承载力实测值 f_0、基床系数 k 和变形模量 E_0。

解:按该图得到 A 点对应的荷载为 350 kPa,相应的压板沉降量为 12.4 mm, C 点对应的荷载为 500 kPa。故得到地基土的比例界限为 350 kPa、极限荷载 p_u 为 500 kPa。按规范的规定,因为比例界限不是很清晰,而极限荷载容易确定且极限荷载小于对应比例界限的 2 倍,故取极限荷载的一半作为该试验点的承载力实测值,即为 250 kPa。

按相应公式算得基床系数:

$$k = 350/0.0124 = 28\,225.8 \text{ kN/m}^3 \approx 28.2 \text{ MN/m}^3$$

算得变形模量:

$$E_0 = \frac{\sqrt{\pi}}{2} \frac{1-\nu^2}{s} pD = \frac{\sqrt{\pi}}{2} \frac{1-0.25^2}{0.0124} \times 0.35 \times 1.128 = 26.46 \text{ MPa}$$

从上述计算过程可以看出,数据处理和分析过程不是太精确,规范的规定对很多情况也不是太明确,一般应借助于经验和理论知识,且应偏于安全。

1.5 复合地基载荷试验要点

复合地基测试的特殊性,主要在于复合地基中存在加固体,测试时必须要加以考虑。基本测试方法有两种:单桩复合地基测试法和桩土分离式测试法。单桩复合地基测试时压板覆盖的区域与一根桩承担的加固面积相适应;而桩土分离式测试法分别对桩和土进行测试,然后按公式换算出相应的地基参数。当桩的布置很密时,也可采用多桩复合地基测试法。

1.5.1 单桩或多桩复合地基载荷试验要点

采用此种试验方式时,应注意压板尺寸的选择和压板的安装。采用单桩复合地基试验方式时,压板面积为一根桩承担的处理面积,实际选择时应根据地基处理时的施工图计算。压板安装时要特别注意压板下面应该只有一根桩,且应该使压板的中心与桩的中心对正。下面列出《建筑地基处理技术规范》JGJ 79—2012 中的相应规定。

(1) 压板可用圆形或方形,面积为一根桩承担的处理面积;多桩复合地基载荷试验的压板可用方形或矩形,其尺寸按实际桩数所承担的处理面积确定。

(2) 压板底标高应与桩顶设计标高相同,压板下宜设中粗砂找平层。

(3) 加荷等级可分为 8~12 级,总加载量不应小于设计要求压力值的两倍。

(4) 每加一级荷载前后应各读记承压板沉降量 s 一次,以后每半小时读记一次。当一小时内沉降增量小于 0.1 mm 时,即可加下一级荷载。

(5) 当出现下列现象之一时,可终止试验:

① 沉降急骤增大、土被挤出或承压板周围出现明显的隆起。

② 承压板的累计沉降量已大于其宽度或直径的 6%。

③ 当达不到极限荷载,而最大加载压力已大于设计要求压力值的两倍。

(6) 卸载级数可为加载级数的一半,等量进行,每卸一级,间隔半小时,读记回弹量,待卸完全部荷载后间隔 3 小时读记总回弹量。

(7) 复合地基承载力特征值的确定:

① 当压力-沉降曲线(见图 1-5)上极限荷载能确定,而其值不小于对应比例界限的 2 倍时,可取比例界限;当其值小于对应比例界限的 2 倍时,可取极限荷载的一半。

（2）当压力—沉降曲线是平缓的光滑曲线时，可按相对变形值确定：

a. 对振冲桩、砂石桩复合地基或强夯置换墩：当以黏性土为主的地基，可取 s/b 或 $s/d=0.015$ 所对应的压力（b 和 d 分别为承压板宽度和直径，当其值大于 2 m 时，按 2 m 计算）；当以粉土或砂土为主的地基，可取 s/b 或 $s/d=0.01$ 所对应的压力。

b. 对土挤密桩、石灰桩或柱锤冲扩桩复合地基，可取 s/b 或 $s/d=0.012$ 所对应的压力。对灰土挤密桩复合地基，可取 s/b 或 $s/d=0.008$ 所对应的压力。

c. 对水泥粉煤灰碎石桩或夯实水泥土桩复合地基，当以卵石、圆砾、密实粗中砂为主的地基，可取 s/b 或 $s/d=0.008$ 所对应的压力；当以黏性土、粉土为主的地基，可取 s/b 或 $s/d=0.01$ 所对应的压力。

d. 对水泥土搅拌桩或旋喷桩复合地基，可取 s/b 或 $s/d=0.006$ 所对应的压力。

（8）试验点的数量不应少于 3 点，当满足其极差不超过平均值的 30% 时，可取其平均值为复合地基承载力特征值。

1.5.2　桩土分离式试验要点

一般试验过程与常规压板试验相同，只是在选择承压板时，进行桩体测试的压板应与桩的截面相适应，进行土体测试的压板可按常规地基测试的压板选择，但应注意其覆盖面内不应有桩体存在，且应留有适当余地。压板安装时也应仔细检查。

测试完成后，分别对桩体和土体进行统计分析，得出桩的承载力特征值和土的承载力特征值，然后按下式计算复合地基承载力特征值：

$$f_{spk} = mf_{pk} + (1-m)f_{sk}$$

式中：

f_{spk}——复合地基的承载力特征值；

f_{pk}——桩体单位截面积承载力特征值；

f_{sk}——桩间土的承载力特征值；

m——加固体的面积置换率。

变形模量的计算可以类似进行。

1.5.3　岩石地基载荷试验要点

岩石地基测试的特殊性，在于岩石地基的强度高而压缩性低，故在压板尺寸的选择、试验方法与标准上与常规载荷试验有一些区别。

下面列出《地基规范》的规定，适用于确定岩基作为天然地基或桩基础持力层时的承载力。

（1）采用圆形刚性承压板，直径为 300 mm。当岩石埋藏深度较大时，可采用钢筋混凝土桩，但桩周应采取措施以消除桩身与土之间的摩擦力。

（2）测量系统的初始稳定读数观测：加压前，每隔 10 min 读数一次，连续三次读数不变可开始试验。

（3）加载方式：单循环加载，荷载逐级递增直到破坏，然后分级卸载。

（4）荷载分级：第一级加载值为预估设计荷载的 1/5，以后每级为 1/10。

（5）沉降量测读：加载后立即读数，以后每 10 min 读数一次。

（6）稳定标准：连续三次读数之差均不大于 0.01 mm。

（7）终止加载条件：当出现下述现象之一时，即可终止加载：

① 沉降量读数不断变化，在 24 h 内，沉降速率有增大的趋势；

② 压力加不上或勉强加上而不能保持稳定。

注：若限于加载能力，荷载也应增加到不少于设计要求的两倍。

（8）卸载观测：每级卸载为加载时的两倍，如为奇数，第一级可为三倍。每级卸载后，隔 10 min 测读一次，测读三次后可卸下一级荷载。全部卸载后，当测读到半小时回弹量小于 0.01 mm 时，即认为稳定。

（8）承载力的确定：

① 取对应于 p-s 曲线上起始直线段的终点为比例界限载荷，符合终止加载条件的前一级荷载为极限荷载。将极限荷载除以 3 的安全系数，所得值与对应于比例界限的荷载相比较，取小值。

② 每个场地载荷试验的数量不应少于 3 个，取最小值作为岩石地基承载力特征值。

③ 岩石地基承载力不进行深宽修正。

项目 2　静力触探试验

静力触探测试（static cone penetration test，CPT），简称静探。静力触探试验是把一定规格的圆锥形探头借助机械匀速压入土中，并测定探头阻力等的一种测试方法，实际上是一种准静力触探试验。荷兰人在 20 世纪 40 年代提出了静力触探技术和机械式静力触探仪。试验是用机械装置把带有双层管的圆锥形探头压入土中，在地面上用压力表分别量测套筒侧壁与周围土层间的摩阻力（f_s）和探头锥尖贯入土层时所受的阻力（q_c）。电测静力触探试验于 1964 年首先在我国研制成功。原建工部综合勘察院成功地研制了世界上第一台电测静力触探仪，即我国目前普遍应用的单桥（单用）探头静力触探仪。利用电阻应变测试技术，可直接从探头中量测贯入阻力（定义为比贯入阻力）。20 世纪 60 年代后期，荷兰开始研制类似的电测静力触探仪，探头为双桥式的，此项成果发表于 1971 年。从 20 世纪 70 年代开始，电测静力触探的发展使静力触探有了新的活力,发展迅猛,应用普遍。其中,最重要的发展是国际上于20世纪80年代初成功研制了可测孔隙水压力的电测式静力触探,简称孔压触探(CPTU)。它可以同时测量锥头阻力、侧壁摩擦力和孔隙水压力,为了解土的更多的工程性质及提高测试精度提供了极大的可能性和现实性。

目前在我国使用的静力触探仪以电测式为主。

静力触探具有下列明显优点:

(1) 测试连续、快速、效率高、功能多,兼有勘探与测试的双重作用。

(2) 采用电测技术后,易于实现测试过程的自动化,测试成果可由计算机自动处理,大大减轻了人的工作强度。

由于以上原因,电测静力触探是目前应用最广的一种土工原位测试技术。

静力触探的主要缺点是对碎石类土和密实砂土难以贯入,也不能直接观测土层。在地质勘探工作中,静力触探常和钻探取样联合运用。

图 2-1 所示是静力触探示意及其测试曲线。从测试曲线和地层分布的对比可以看出,触探阻力的大小与地层的力学性质有密切的相关关系。

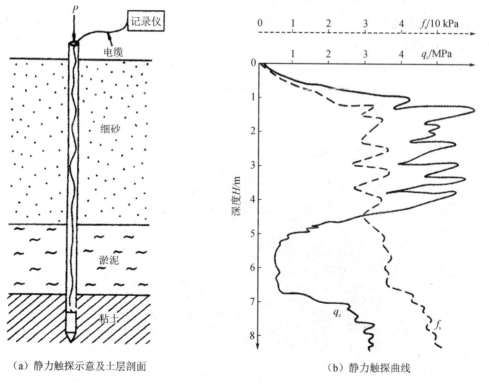

（a）静力触探示意及土层剖面　　　　　　　（b）静力触探曲线

图 2-1　静力触探示意及其测试曲线

　　静力触探技术在岩土工程中的应用：对地基土进行力学分层并判别土的类型；确定地基土的参数（强度、模量、状态、应力历史）；砂土液化可能性；浅基承载力；单桩竖向承载力等。

2.1　试验设备和方法

2.1.1　试验设备

　　静力触探仪一般由三部分构成：探头，也即阻力传感器；量测记录仪表；贯入系统，包括触探主机与反力装置，共同负责将探头压入土中。目前广泛应用的静力触探车集上述三部分为一整体，具有贯入深度大（贯入力一般大于 100 kN）、效率高和劳动强度低的优点。但它仅适用于交通便利、地形较平坦及可开进汽车的勘测场地使用。贯入力等于或小于 50 kN 者，一般为轻型静力触探仪，使用时，一般都将上述三部分分开装运到现场，进行测试时再将三部分有机地连接起来。在交通不便、勘测深度不大或土层较软的地区，轻型静力触探应用很广。它具有便于搬运、测试成本较低及灵活方便之优点。静力触探仪的贯入力一般为 20～100 kN，最大贯入力为 200 kN，因为细长的探杆受力极限不能太大，太大易弯曲或折断。贯入力为 20～30 kN 者，一般为手摇链式电测十字板－触探两用仪。贯入力大于 50 kN 者，一般为液压式主机。在参考资料中对触探仪有较为详尽的介绍。

　　静力触探仪现场试验见图 2－2。

图 2－2　静力触探仪现场试验

1. 探头

　　探头是静力触探仪的关键部件。它包括摩擦筒和锥头两部分，有严格的规格与质量要求。目前,国内外使用的探头可分为三种类型:单桥探头、双桥探头及孔压探头。

（1）单桥探头。它是我国所特有的一种探头类型。它是将锥头与外套筒连在一起,因而只能测量一个参数。这种探头结构简单,造价低,坚固耐用。此种探头曾经对推动我国静力触探测试技术的发展和应用起到了积极的作用,自 20 世纪 60 年代初开始应用以来,积累了相当丰富的经验,已建立了关于测试成果和土的工程性质之间众多的经验关系式。由于测试成本低,这种探头被勘测单位广泛采用。但应指出,这种探头功能少,其规格与国际标准也不统一,不便于开展国际交流,其应用受到限制。单桥探头见图 2-3。

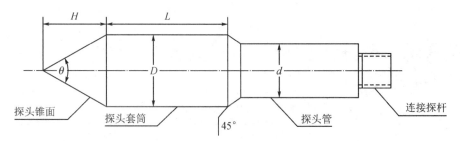

图 2-3　单桥探头

（2）双桥探头。它是一种将锥头与摩擦筒分开,可同时测锥头阻力和侧壁摩擦力两个参数的探头。国内外普遍采用,用途很广。双桥探头见图 2-4。

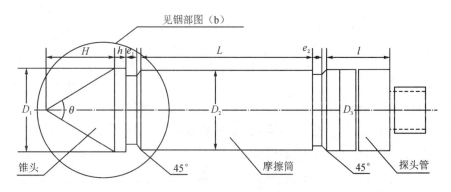

图 2-4　双桥探头

（3）孔压探头。它一般是在双桥探头基础上再安装一种可测触探时产生的超孔隙水压力装置的探头。孔压探头最少可测三种参数,即锥尖阻力、侧壁摩擦力及孔隙水压力,功能多,用途广,在国外已得到普遍应用。在我国,也可能会得到越来越多的应用。孔压探头见图 2-5。

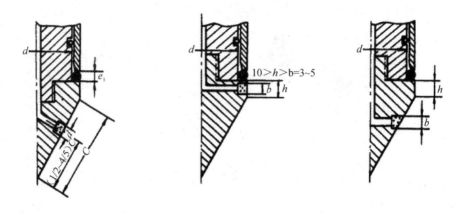

图 2-5　孔压探头

此外,还有可测波速、孔斜、温度及密度等多功能探头,不再一一介绍。常用探头的规格见表 2-1。

表 2-1　常用探头的规格

探头种类	型号	锥头			摩擦筒		标准
		顶角/°	直径/mm	底面积/cm²	长度/mm	表面积/cm²	
单桥	Ⅰ-1	60	35.7	10	57		我国独有
	Ⅰ-2	60	43.7	15	70		
	Ⅰ-3	60	50.4	20	81		
双桥	Ⅱ-0	60	35.7	10	133.7	150	国际标准
	Ⅱ-1	60	35.7	10	179	200	
	Ⅱ-2	60	43.7	15	219	300	
孔压		60	35.7	10	133.7	150	国际标准
		60	43.7	15	179	200	

探头的功能越多,测试成果也越多,用途也越广,但相应的测试成本及维修费用也越高。因而,在实际应用中应根据测试目的和条件,选用合适的探头。表 2-1 中各类型探头的底面积不同,主要是为了适应不同的土层强度。探头底面积越大,能承受的抗压强度越高,也可有更多的空间安装附加传感器。但在一般土层中,应优先选用符合国际标准的探头,即探头顶角为 60°,底面积为 10 cm²,侧壁摩擦筒表面积为 150 cm² 的探头,其成果才具有较好的可比性和通用性,也便于开展技术交流。

2. 量测记录仪表

我国的静力触探仪几乎全部采用电阻应变式传感器。因此,与其配套的记录仪器主要有以下四种类型。

（1）电阻应变仪。从 20 世纪 60 年代起直到 70 年代中期，一直是采用电阻应变仪。电阻应变仪具有灵敏度高、测量范围大、精度高和稳定性好等优点。但其操作是靠手动调节平衡，跟踪读数，容易造成误差；因为是人工记录，故不能连续读数，不能得到连续变化的触探曲线。

（2）自动记录仪。我国现在生产的静力触探自动记录仪都是用电子电位差计改装的，这些电子电位差计都只有一种量程范围。为了在阻力大的地层中能测出探头的额定阻力值，也为了在软层中能保证测量精度，一般都采用改变供桥电压的方法来实现。早期的仪器为可选式固定桥压法，一般分成 4～5 挡，桥压分别为 2、4、6、8、10V，可根据地层的软硬程度选择。这种方式的优点是电压稳定、可靠性强；缺点是资料整理工作量大。现在已有可使供桥电压连续可调的自动记录仪。

（3）数字式测力仪。数字式测力仪是一种精密的测试仪表。这种仪器能显示多位数，具有体积小、重量轻、精度高、稳定可靠、使用方便、能直读贯入总阻力和计算贯入指标简单等优点，是轻便链式十字板-静力触探两用机的配套量测仪表。目前，国内已有多家厂家生产这种仪器。这种仪器的缺点是需间隔读数、手工记录。

（4）数据采集仪（微型计算机）。以上介绍的各种仪器的功能均比较简单，虽然能满足一般生产的需要，但资料整理时工作量大、效率低。用微型计算机采集和处理数据已在静力触探测试中得到了广泛应用。计算机控制的实时操作系统使得触探时可同时绘制锥尖阻力与深度关系曲线、侧壁摩阻力与深度关系曲线；终孔时，可自动绘制摩阻比与深度关系曲线。通过人机对话能进行土的分层，并能自动绘制出分层柱状图，打印出各层层号、层面高程、层厚、标高以及触探参数值。

3. 贯入系统

静力触探贯入系统由触探主机（贯入装置）和反力装置两大部分组成。触探主机的作用是将底端装有探头的探杆一根一根地压入土中。触探主机按其贯入方式不同，可以分为间歇贯入式和连续贯入式；按其传动方式的不同，可分为机械式和液压式；按其装配方式不同可分为车装式、拖斗式和落地式等。

2.1.2　现场操作要点

1. 贯入、测试及起拔要点

（1）将触探机就位后，应调平机座，并使用水平尺校准，使贯入压力保持竖直方向，并使机座与反力装置衔接、锁定。当触探机不能按指定孔位安装时，应将移动后的孔位和地面高程记录清楚。

（2）探头、电缆、记录仪器的接插和调试，必须按有关说明书的要求进行。

（3）触探机的贯入速率，应控制在 1～2 cm/s 内，一般为 2 cm/s；使用手摇式触探机时,手把转速应力求均匀。

(4) 在地下水埋藏较深的地区使用孔压探头触探时,应先使用外径不小于孔压探头的单桥或双桥探头开孔至地下水位以下,而后向孔内注水至与地面相平,再换用孔压探头触探。

(5) 探头的归零检查应按下列要求进行:

① 使用单桥或双桥探头时,当贯入地面以下 0.5~1.0 m 后,上提 5~10 cm,待读数漂移稳定后,将仪表调零即可正式贯入。在地面以下 1~6 m 内,每贯入 1~2 m 提升探头 5~10 cm,并记录探头不归零读数,随即将仪器调零。孔深超过 6 m 后,可根据不归零读数之大小,放宽归零检查的深度间隔。终孔起拔时和探头拔出地面后,亦应记录不归零读数。

② 使用孔压探头时,在整个贯入过程中不得提升探头。终孔后,待探头刚一提出地面时,应立即卸下滤水器,记录不归零读数。

(6) 使用记读式仪器时,每贯入 0.1 m 或 0.2 m 应记录一次读数;使用自动记录仪时,应随时注意桥压、走纸和划线情况,做好深度和归零检查的标注工作。

(7) 若计深标尺设置在触探主机上,则贯入深度应以探头、探杆入土的实际长度为准,每贯入 3~4 m 校核一次。当记录深度与实际贯入长度不符时,应在记录本上标注清楚,作为深度修正的依据。

(8) 当在预定深度进行孔压消散试验时,应从探头停止贯入之时起,用秒表计时,记录不同时刻的孔压值和锥尖阻力值。其计时间隔应由密而疏,合理控制。在此试验过程中,不得松动、碰撞探杆,也不得施加能使探杆产生上、下位移的力。

(9) 对于需要做孔压消散试验的土层,若场区的地下水位未知或不确切,则至少应有一孔孔压消散达到稳定值,以连续 2 h 内孔压值不变为稳定标准。其他各孔、各试验点的孔压消散程度,可视地层情况和设计要求而定,一般当固结度达 60%~70% 时,即可终止消散试验。

(10) 遇下列情况之一者,应停止贯入,并应在记录表上注明。

① 触探主机负荷达到其额定荷载的 120% 时;

② 贯入时探杆出现明显弯曲;

③ 反力装置失效;

④ 探头负荷达到额定荷载时;

⑤ 记录仪器显示异常。

(11) 起拔最初几根探杆时,应注意观察、测量探杆表面干、湿分界线距地面的深度,并填入记录表的备注栏内或标注于记录纸上。同时,应于收工前在触探孔内测量地下水位埋藏深度;有条件时,宜于次日核查地下水位。

（12）将探头拔出地面后，应对探头进行检查、清理。当移位于第二个触探孔时，应对孔压探头的应变腔和滤水器重新进行脱气处理。

（13）记录人员必须按记录表要求用铅笔逐项填记清楚，记录表格式可按以上测试项目制作。

2. 注意事项

（1）保证行车安全，中速行驶，以免触探车上仪器设备被颠坏。

（2）触探孔要避开地下设施（管路、地下电缆等），以免发生意外。

（3）安全用电，严防触（漏）电事故。工作现场应尽量避开高压线、大功率电机及变压器，以保证人身安全和仪表正常工作。

（4）在贯入过程中，各操作人员要相互配合，尤其是操纵台人员，要严肃认真、全神贯注，以免发生人身、仪器设备事故。司机要坚守岗位，及时观察车体倾斜、地铺松动等情况，并及时通报车上操作人员。

（5）精心保护好仪器，需采取防雨、防潮、防震措施。

（6）触探车不用时，要及时用支腿架起，以免汽车弹簧钢板过早疲劳。

（7）保护好探头，严禁摔打探头；避免探头暴晒和受冻；不许用电缆线拉探头；装卸探头时，只可转动探杆，不可转动探头；接探杆时，一定要拧紧，以防止孔斜。

（8）当贯入深度较大时，探头可能会偏离铅垂方向，使所测深度不准确。为了减少偏移，要求所用探杆必须是平直的，并要保证在最初贯入时不应有侧向推力。当遇到硬岩土层以及石头、砖瓦等障碍物时，要特别注意探头可能发生偏移的情况。国外已把测斜仪装入探头，以测其偏移量，这对成果分析很重要。

（9）锥尖阻力和侧壁摩阻力虽是同时测出的，但所处的深度是不同的。当对某一深度处的锥头阻力和摩阻力做比较时，例如计算摩阻比时，需考虑探头底面和摩擦筒中点的距离，如贯入第一个 10 cm 时，只记录 q_c；从第二个 10 cm 以后才开始同时记录 q_c 和 f_s。

（10）在钻孔、触探孔、十字板试验孔旁边进行触探时，离原有孔的距离应大于原有孔径的 20~25 倍，以防土层扰动。如要求精度较低时，两孔距离也可适当缩小。

2.2　基本测试原理

静力触探自问世以来，不仅仪器几经更新换代，而且对触探机理研究也很活跃，如 1974 年和 1978 年召开了二届欧洲触探会议，1988 年又召开了第一届国际触探会议。同时，历届国际土力学与基础工程会议、国际工程地质大会以及近年来的国际地质大会的论文集中，都有原位测试及触探机理的研究文章。20 世纪 80 年代以来，国内也有不少单位进行了这方面的工作，如同济大学、中国铁道科学研究院集团有限公司、中铁第四勘测设计院、中南大学、吉林大学、中国地质大学及武汉大学等都进行了大量的研究工作,发表了许多相关论文,出版了专著或教材。有很多单位还进行了原型模拟试验,如西南交通大学、中南大学和中国地质大学。纵观国内外的研究,一般都用纯砂作为试验介质。这主要是因为砂的抗剪强度只有内摩擦角一个指标,便于解释静力触探机理。但由于在纯砂土中难以测得触探时产生的超孔隙水压力,所以用纯砂不便于研究孔压触探机理。为克服此缺点,中国地质大学进行了以黏土为介质的原型试验,并取得了可喜的研究成果。静力触探机理的试验和理论研究对其测试方法和成果应用都有直接关系。因此,触探机理研究是很有意义的。但由于土的性质的不定性和复杂性以及触探时产生的土层大变形等,都对机理研究带来很大困难。因此,到目前为止,触探机理的理论研究成果仍不尽如人意,很多方面的研究工作还在探索之中。

2.3　试验成果的整理

1. 试验成果的内容

单孔触探成果应包括以下几项基本内容:

(1) 各触探参数随深度变化的分布曲线。

(2) 土层名称及潮湿程度(或稠度状态)。

(3) 各层土的触探参数值和地基参数值。

(4) 对于孔压触探,如果进行了孔压消散试验,尚应附上孔压随时间而变化的过程曲线;必要时,可附锥尖阻力随时间而改变的过程曲线。

2. 原始数据的修正

在贯入过程中,探头受摩擦而发热,探杆会倾斜和弯曲,探头入土深度很大时探杆会有一定量的压缩,仪器记录深度的起始面与地面不重合等,这些因素会使测试结果产生偏差。因而原始数据一般应进行修正。修正的方法一般按《静力触探技术规程》DG/TJ 08-2189—2015 的规定进行。主要应注意深度修正和零漂处理。

(1) 深度修正。当记录深度与实际深度有出入时,应按深度线性修正深度误差。对于因探杆倾斜而产生的深度误差可按下述方法修正:

① 触探的同时量测触探杆的偏斜角(相对铅垂线),如每贯入 1 m 测了 1 次偏斜角,则该段的贯入修正量为

$$\Delta h_i = 1 - \cos\left[(\theta_i + \theta_{i-1})/2\right]$$

式中:

Δh_i——第 i 段贯入深度修正量;

θ_i，θ_{i-1}——第 i 次和第 $i-1$ 次实测的偏斜角。

② 触探结束时的总修正量为 $\Sigma \Delta h_i$，实际的贯入深度应为 $h - \Sigma \Delta h_i$。

③ 实际操作时应尽量避免过大的倾斜、探杆弯曲和机具方面产生的误差。

（2）零漂修正。一般根据归零检查的深度间隔按线性内查法对测试值加以修正。修正时应注意不要形成人为的台阶。

3. 触探曲线的绘制

当使用自动化程度高的触探仪器时，需要的曲线均可自动绘制，只有在人工读数记录时才需要根据测得的数据绘制曲线。

需要绘制的触探曲线包括 $p_s - h$ 或 $q_c - h$、$f_s - h$ 和 $R_f (= f/q \times 100\%) - h$ 曲线。

2.4　静力触探成果的应用

2.4.1　划分土层

划分土层的根据在于探头阻力的大小和土层的软硬程度。由此进行的土层划分也称之为力学分层。

由图 2-1 知，分层时要注意两种现象，其一是贯入过程中的临界深度效应，另一个是探头越过分层面前后所产生的超前与滞后效应。这些效应的根源均在于土层对于探头的约束条件有了变化。

根据长期的经验确定了以下划分方法：

（1）上下层贯入阻力相差不大时，取超前深度和滞后深度的中点，或中点偏向于阻值较小者 5~10 cm 处作为分层面。

（2）上下层贯入阻力相差一倍以上时，取软层最靠近分界面处的数据点偏向硬层 10 cm 处作为分层面。

（3）上下层贯入阻力变化不明显时，可结合 f_s 或 R_f 的变化确定分层面。

第（3）条的根据在于当贯入阻力大致相当时，阻力的构成可以反映土性的差异。由此也可看出双桥探头的好处。

土层划分以后可按平均法计算各土层的触探参数，计算时应注意剔除异常的数据。

2.4.2　确定土类（定名）

静力触探的几种测试方法均可用于划分土类，但就其总体而言，单桥探头测试的参数太少，精度较差，常常需要和钻探及经验相结合。下面仅介绍原铁道部《静力触探技术规程》中利用双桥探头测试结果进行划分的方法。

该方法利用了 q_c 和 R_f 两个参数，其根据在于不同的土类不但具有差异较大的 q_c

值,而且其摩阻比 R_f 对此更为敏感。例如大部分砂土 R_f 均小于 1%,而黏土通常都大于 2%,所以使用这两个参数划分土类有较好的效果。

该法的优点是提供了边界方程,缺点是比较粗糙。

2.4.3   求地基承载力

用静力触探法求地基承载力的突出优点是快速、简便、有效。在应用此法时应注意以下几点:

(1)静力触探法求地基承载力一般依据的是经验公式。这些经验公式建立在静力触探和载荷试验的对比关系上。但载荷试验原理是使地基土缓慢受压,先产生压缩(似弹性)变形,然后为塑性变形,最后剪切破坏,受荷过程慢,内聚力和内摩擦角同时起作用。静力触探加荷快,土体来不及被压密就产生剪切破坏,同时产生较大的超孔隙水压力,对内聚力影响很大。这样,主要起作用的是内摩擦角,内摩擦角越大,锥头阻力 q_c(或比贯入阻力 p_s)也越大。砂土内聚力小或为零,黏性土内聚力相对较大,而内摩擦角相对较小。因此,用静力触探法求地基承载力要充分考虑土质的差别,特别是砂土和黏土的区别。另外,静力触探法提供的是一个孔位处的地基承载力,用于设计时应将各孔的资料进行统计分析以推求场地的承载力,此外还应进行基础的宽度和埋置深度的修正。

(2)地基土的成因、时代及含水率的差别对用静力触探法求地基承载力的经验公式有明显影响,如老黏土($Q_1 \sim Q_3$)和新黏土(Q_4)的区别。

我国对使用静力触探法推求地基承载力已积累了相当丰富的经验,经验公式很多。在使用这些经验公式时应充分注意其使用的条件和地域性,并在实践中不断积累经验。

2.4.4   估算单桩的竖向承载力

静力触探的机理和桩的作用机理类似,静力触探试验相当于沉桩的模拟试验。因此,在现有的各种原位测试技术中,用静力触探成果计算单桩承载力是最为适宜的,其效果也特别良好,故很早就被应用于桩基勘察中。与用载荷试验求单桩承载力的方法相比,静力触探试验具有明显的优点:静力触探试验由于成本很低且快速经济,因而可以在每根桩位上进行;桩的载荷试验笨重,成本高,周期长,而且只有在成桩后才能进行,试验数量非常有限,试验成本也远远高于静力触探试验。因此,静力触探在桩基的勘察阶段广泛应用。但要注意两者的区别:桩的表面较粗糙,直径大,沉桩时对桩周围土层的扰动也大,桩在实际受力时沉降量很小,沉降速度很慢;而静力触探贯入速率较快。因此,要对静力触探成果加以修正后才能应用于计算桩的承载力。由于载荷试验求出的单桩承载力最可靠,所以将静力触探试验和桩的载荷试验配合应用,互相验证,将会减少桩基的工程和试验费用,并能取得比使用单一手段更好的效果。

应用静力触探的测试成果计算单桩极限承载力的方法已比较成熟,国内、外均有很多计算公式。现仅列出《建筑桩基技术规范》JGJ 94—2008 中根据双桥探头测试成果确定预制桩竖向承载力标准值的方法,供参考。

该规范规定,当根据双桥探头静力触探资料确定预制桩竖向承载力标准值时,对于黏性土、粉土和砂土,如无当地经验时可按下式计算:

$$Q_{uk} = u\Sigma l_i \cdot \beta_i \cdot f_{si} + \alpha \cdot q_c \cdot A_p$$

式中:

Q_{uk}——单桩极限承载力标准值;

f_{si}——第 i 层土的探头平均侧阻力;

q_c——桩端平面上、下探头阻力,取桩端平面以上 $4d$(d 为桩的直径或边长)范围内按土层厚度的探头阻力加权平均值,然后再和桩端平面以下 $1d$ 范围内的探头阻力进行平均;

α——桩端阻力修正系数,对黏性土、粉土取 $2/3$,饱和砂土取 $1/2$;

β_i——第 i 层土桩侧阻力综合修正系数,对于黏性土、粉土:$\beta_i = 10.04(f_{si})^{-0.55}$,对于砂土:$\beta_i = 5.05(f_{si})^{-0.45}$。

注:双桥探头的圆锥底面积为 15 cm³,锥角为 60°,摩擦套筒高 21.85 cm,侧面积为 300 cm²。

使用单桥探头的方法和估算钻孔桩的承载力的方法详见参考资料。

2.4.5　其他方面的应用

除了在上述方面有着广泛的应用外,静力触探技术还可用于推求土的物性参数(密度、密实度等)、力学参数(c,φ,E_0,E_s 等),检验地基处理后的效果、测定滑坡的滑动面以及判断地基的液化可能性等。关于这些方面的内容详见参考资料。

总的来说,静力触探方便、快捷,对土层的扰动小,测试可连续进行,测试成本低,数据的重现性好,在岩土工程中有着多方面的用途,在原位测试技术中占有举足轻重的地位。静力触探的局限性除了在于对硬土层难以穿越外,主要还在于测试手段较为单一,无法控制应力路径和应变路径,测试时不能取样,测试时探杆的弯曲和倾斜较难控制,测试过程和对测试结果的解释对经验的依赖性过强因而较难把握,等等。

在工程中应用静力触探技术时应注意与其他测试手段联合运用,注意对当地经验的获取和积累,测试过程要严格遵守操作规程,发现异常情况要查明原因并尽早排除,对测试成果的分析和解释要注意理论和经验并重。另外,检测工作事关建筑物的安全,测试人员一定要有高度的责任心。

项目3　圆锥动力触探和标准贯入试验

圆锥动力触探试验习惯上称为动力触探试验(dynamic penetration test,DPT)或简称动探,它是利用一定的锤击动能,将一定规格的圆锥形探头打入土中,根据每打入土中一定深度的锤击数(或贯入能量)来判定土的物理力学特性和相关参数的一种原位测试方法。

标准贯入试验习惯上简称为标贯。它和动力触探在仪器上的差别仅在于探头形式不同,标贯的探头是一个空心贯入器,试验过程中还可以取土。因为和动力触探试验有许多共同之处,故将其放入同一章中论述。

动力触探和标准贯入试验在国内外应用极为广泛,是一种重要的土工原位测试方法,具有独特的优点。

(1)设备简单,且坚固耐用。

(2)操作及测试方法容易掌握。

(3)适应性广,砂土、粉土、砾石土、软岩、强风化岩石及黏性土均可。

(4)快速,经济,能连续测试土层。

(5)标准贯入试验可同时取样,便于直接观察描述土层情况。

(6)应用较早,积累的经验丰富。

因此,动力触探和标准贯入试验在岩土工程中应用极广。目前,世界上大多数国家在岩土工程勘察中都不同程度地使用动力触探技术。其中,美洲、亚洲和欧洲国家应用最广,而日本则几乎把动力触探技术当作了一种万能的土工勘测手段。

3.1　试验设备和方法

3.1.1　试验设备

动力触探使用的设备包括动力设备和贯入系统两大部分。动力设备的作用是提供动力源,为便于野外施工,多采用柴油发动机;对于轻型动力触探也有采用人力提升方式的。贯入部分是动力触探的核心,由穿心锤、探杆和探头组成。

动力触探现场试验见图3-1。

根据所用穿心锤的质量将动力触探试验分为轻型、中型、重型和超重型等种类。常用动力触探类型及规格见表3-1。

图 3-1　动力触探现场试验

表 3-1　常用动力触探类型及规格

类型	锤质量/kg	落距/cm	探头规格		探杆外径/mm	触探指标（贯入一定深度的锤击数）	备注
			锥角/°	底面积/cm²			
轻型	10	50	60	12.6	25	贯入 30 cm 锤击数 N_{10}	工民建勘察规范等推荐英国 BS 规程
	10	30	45	4.9	12	贯入 10 cm 锤击数 N_{10}	
中型	28	80	60	30	33.5	贯入 10 cm 锤击数 N_{28}	工民建勘察规范推荐
重型	63.5	76	60	43	42	贯入 10 cm 锤击数 $N_{63.5}$	岩土工程勘察规范推荐
超重型	120	100	60	43	60	贯入 10 cm 锤击数 N_{120}	水电部土工试验规程推荐

　　在各种类型的动力触探中,轻型适用于一般黏性土及素填土,特别适用于软土;重型适用于砂土及砾砂土;超重型适用于卵石、砾石类土。穿心锤的质量之所以不同,是由于自然界土类千差万别。锤重动能大,可击穿硬土;锤小动能小,可击穿软土,又能得到一定锤击数,使测试精度提高。现场测试时应根据地基土的性质选择适宜的动力触探类型。

　　虽然各种动力触探试验设备的重量相差悬殊,但其仪器设备的形式却大致相同。

图 3-2 示出了目前常用的机械式动力触探中的轻型动力触探仪的贯入系统,它包括了穿心锤、导向杆、锤垫、探杆和探头五个部分。其他类型的贯入系统在结构上与此类似,差别主要表现在细部规格上。轻型动力触探使用的落锤质量小,可以使用人力提升的方式,故锤体结构相对简单;重型和超重型动力触探的落锤质量大,使用时需借助机械脱钩装置,故锤体结构要复杂得多。常用的机械脱钩装置(提引器)的结构各异,但基本上可分为以下两种形式:

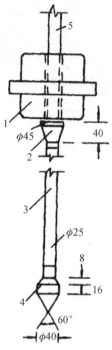

1—穿心锤;2—锤托与锤垫;3—触探杆;4—圆锥探头;5—导向杆。

图 3-2 轻型动力触探仪(单位:mm)

（1）内挂式(提引器挂住重锤顶帽的内缘而提升)。它是利用导杆缩径,使提引器内活动装置(钢球、偏心轮或挂钩等)发生变位,完成挂锤、脱钩及自由下落的往复过程。内挂式脱钩装置如图 3-3 所示。

（2）外挂式(提引器挂住重锤顶帽的外缘而提升)。它是利用上提力完成挂锤,靠导杆顶端所设弹簧锥套或凸块强制挂钩张开,使重锤自由下落。

20 世纪 80 年代前,国内外都用手拉绳(或卷扬机)提锤、放锤,和现在的自动脱钩式方式不同。

国际上使用的探头规格较多,而我国的常用探头直径约 5 种,锥角基本上只有 60°一种。

标准贯入使用的仪器除贯入器外,与重型动力触探的仪器相同。

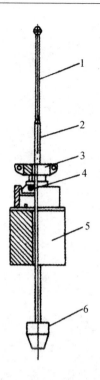

1—上导杆；2—下导杆；3—吊环；4—偏心轮；5—穿心锤；6—锤座。

图 3-3　内挂式脱钩装置

3.1.2　试验方法

1. 轻型、重型、超重型动力触探的测试程序和要求

1）轻型动力触探

（1）先用轻便钻具钻至试验土层标高以上 0.3 m 处，然后对所需试验土层连续进行触探。

（2）试验时，穿心锤落距为（0.50±0.02）m，使其自由下落。记录每打入土层中 0.30 m 时所需的锤击数（最初 0.30 m 可以不记）。

（3）若需描述土层情况时，可将触探杆拔出，取下探头，换钻头进行取样。

（4）如遇密实坚硬土层，当贯入 0.30 m 所需锤击数超过 100 击或贯入 0.15 m 超过 50 击时，即可停止试验。如需对下卧土层进行试验时，可用钻具穿透坚实土层后再贯入。

（5）本试验一般用于贯入深度小于 4 m 的土层。必要时，也可在贯入 4 m 后，用钻具将孔掏清，再继续贯入 2 m。

2）重型动力触探

（1）试验前将触探架安装平稳，使触探保持垂直。垂直度的最大偏差不得超过2%。触探杆应保持平直，连结牢固。

（2）贯入时，应使穿心锤自由落下，落锤高度为(0.76 ± 0.02) m。地面上的触探杆的高度不宜过高，以免倾斜与摆动太大。

（3）锤击速率宜为每分钟 15～30 击。打入过程应尽可能连续，所有超过 5 min 的间断都应在记录中予以注明。

（4）及时记录每贯入 0.10 m 所需的锤击数。其方法是可在触探杆上每 0.1 m 划出标记，然后直接（或用仪器）记录锤击数；也可以记录每一阵击的贯入度，然后再换算为每贯入 0.1 m 所需的锤击数。最初贯入的 1 m 内可不记读数。

（5）对于一般砂、圆砾和卵石，触探深度不宜超过 12～15 m，超过该深度时，需考虑触探杆的侧壁摩阻影响。

（6）每贯入 0.1 m 所需锤击数连续三次超过 50 击时，即停止试验。如需对下部土层继续进行试验时，可改用超重型动力触探。

（7）本试验也可在钻孔中分段进行，一般可先进行贯入，然后进行钻探，直至动力触探所测深度以上 1 m 处，取出钻具将触探器放入孔内再进行贯入。

3）超重型动力触探

（1）贯入时穿心锤自由下落，落距为(1.00 ± 0.02) m。贯入深度一般不宜超过20 m，超过此深度限值时，需考虑触探杆侧壁摩阻的影响。

（2）其他步骤可参照重型动力触探进行。

2. 标准贯入试验

1）试验方法

标准贯入试验的设备和测试方法在世界上已基本统一。按《水电水利工程大学试验规程》DL/T5355—2006 规定，其测试程序和相关要求如下：

（1）先用钻具钻至试验土层标高以上 0.15 m 处，清除残土。清孔时，应避免试验土层受到扰动。当在地下水位以下的土层中进行试验时，应使孔内水位保持高于地下水位，以免出现涌砂和塌孔；必要时，应下套管或用泥浆护壁。

（2）贯入前应拧紧钻杆接头，将贯入器放入孔内，避免冲击孔底，注意保持贯入器、钻杆、导向杆连接后的垂直度。孔口宜加导向器，以保证穿心锤中心施力。贯入器放入孔内后，应测定贯入器所在深度，要求残土厚度不大于 0.1 m。

（3）将贯入器以每分钟击打 15～30 次的频率，先打入土中 0.15 m，不计锤击数；然后开始记录每打入 0.10 m 及累计 0.30 m 的锤击数 N，并记录贯入深度与试验情况。若遇密实土层,锤击数超过 50 击时,不应强行打入,并记录 50 击的贯入深度。

（4）旋转钻杆,然后提出贯入器,取贯入器中的土样进行鉴别、描述记录,并测量其长度。将需要保存的土样仔细包装、编号,以备试验之用。

（5）重复（1）～（4）步骤,进行下一深度的标贯测试,直至达到所需深度。一般每隔 1 m 进行一次标贯试验。

2）注意事项

钻孔时应注意下列各条：

（1）须保持孔内水位高出地下水位一定高度,以免塌孔,保持孔底土处于平衡状态,不使孔底发生涌砂变松,影响 N 值。

（2）下套管不要超过试验标高。

（3）缓慢地下放钻具,避免对孔底土的扰动。

（4）细心清除孔底浮土,孔底浮土应尽量少,其厚度不得大于 10 cm。

（5）如钻进中需取样,则不应在锤击法取样后立刻做标贯测试,而应在继续钻进一定深度（可根据土层软硬程度而定）后再做标贯测试,以免人为增大 N 值。

（6）钻孔直径不宜过大,以免加大锤击时探杆的晃动;钻孔直径过大时,可减少 N 至 50%,建议钻孔直径上限为 100 mm,以免影响 N 值。

标贯测试和圆锥动力触探测试方法的不同点,主要是不能连续贯入,每贯入 0.45 m 必须提钻一次,然后换上钻头进行回转钻进至下一试验深度,重新开始试验。另外,标贯试验不宜在含有碎石的土层中进行,只宜用于黏性土、粉土和砂土中,以免损坏标贯器的管靴刃口。

3.2　基本测试原理

动力触探是将重锤打击在一根细长杆件（探杆）上,锤击会在探杆和土体中产生应力波,如果略去土体震动的影响,那么动力触探锤击贯入过程可用一维波动方程来描述。

动力触探的基本原理,可用能量平衡法来分析。动力触探能量平衡模型如图 3-4 所示。按能量守恒原理,一次锤击作用下的功能转换,其关系可写成

$$E_m = E_k + E_c + E_f + E_p + E_e$$

式中：

　　E_m——穿心锤下落能量；

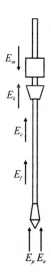

图 3-4　动力触探能量平衡模型

E_k——锤与触探器碰撞时损失的能量；

E_c——触探器弹性变形所消耗的能量；

E_f——贯入时用于克服探杆侧壁的摩阻力所耗的能量；

E_p——由于土的明性变形而消耗的能量；

E_e——由于土的弹性变形而消耗的能量。

通过一系列的假定，可得出土的动贯入阻力 R_d 的表达公式，该式亦称荷兰动力公式。

$$R_d = \frac{M^2 gh}{e(M+m)A}(\text{kPa}) \tag{2}$$

式中：

e——贯入度（单位：mm），即每击的贯入深度 $e = \Delta s/n$；

Δs——每贯入一阵击的深度（单位：mm）；

n——相应的一阵击锤击数；

A——圆锥探头底面积（单位：m²）；

m——触探器质量；

M——落锤的质量；

h——重锤落距；

g——重力加速度。

荷兰公式是建立在古典牛顿碰撞理论基础之上的，还假定对于绝对非弹性碰撞，完全不考虑弹性变形能量的消耗。所以在应用动贯入阻力计算公式时，应考虑下列条件限制：①每击贯入度在 0.2～5.0 cm；②贯入的深度一般不超过 12 cm；③触探器质量 m 与落锤质量 M 之比不大于 2。荷兰公式是目前国内外应用最广泛的动贯入阻力计算公式。我国《岩土工程勘察规范》和水利水电部《土工试验规程》的条文说明中都推荐该公式。

从荷兰公式中可知，对于同一种设备，M、m、h、A 等为常数，在测试 Δs 深度内，动贯入阻力与锤击数 n 呈正比关系，故可用锤击数来测定地基土的工程性质。虽是从荷兰公式中可以由动力触探锤击数直接求取带有量纲的动贯入阻力 R_d，但由于本理论公式的假定甚多，再加上碎石土的不均匀性及地基土受力机制的复杂性，所求动阻力仍然是不可靠的，即使在同一层地基中，亦无可比性。

3.3 试验成果的整理分析

目前使用较多的是机械式动力触探，数据采集使用人工读数记录的方式。现将其数据整理的一般过程和要求列出于下。

1. 检查核对现场记录

在每个动探孔完成后,应在现场及时核对所记录的击数、尺寸是否有错漏,项目是否齐全;核对完毕后,在记录表上签上记录者的名字和测试日期。

2. 实测击数校正

(1) 轻型动力触探。

① 轻型动力触探不考虑杆长修正,根据每贯入 30 cm 的实测击数绘制 $N_{10} \sim h$ 曲线图。

② 根据每贯入 30 cm 的锤击数对地基土进行力学分层,然后计算每层实测击数的算术平均值。

(2) 中型动力触探。在《岩土工程勘察规范》(GB 50021—2001)(2009 版)附录 B 中规定:贯入时,应记录一阵击的贯入量及相应锤击数(一般黏性土,20~30 cm 为一阵击;软土,3~5 cm 为一阵击),并按式(3-1)换算为每贯入 10 cm 的实测击数,再按式(3-2)进行杆长击数校正。

$$N_{28} = \frac{n \times 10}{S} \tag{3-1}$$

$$N'_{28} = \alpha N_{28} \tag{3-2}$$

式中:

N_{28}——相当于贯入 10 cm 时的实测锤击数(击/10 cm);

n——每阵击的锤击数;

S——每阵击时相应的贯入量(cm);

N'_{28}——校正后的击数(击/10 cm);

α——杆长校正系数,见相应规范。

(3) 重型、超重型动力触探。重型动力触探的实测击数($N_{63.5}$),按式(3-3)进行校正:

$$N'_{63.5} = \alpha N_{63.5} \tag{3-3}$$

式中:

$N'_{63.5}$——校正后的击数(击/10 cm);

α——杆长校正系数,查表 3-2 得;

$N_{63.5}$——实测击数(击/10 cm)。

重型动力触探杆长击数校正系数见表 3-2。

表 3 - 2　重型动力触探杆长击数校正系数 α

l	$\alpha N_{63.5}$								
	5	10	15	20	25	30	35	40	$\geqslant 50$
$\leqslant 2$	1.0	1.0	1.0	1.0	1.0	1.0	1.0	1.0	—
4	0.96	0.95	0.93	0.92	0.90	0.89	0.87	0.86	0.84
6	0.93	0.90	0.88	0.85	0.83	0.81	0.79	0.78	0.75
8	0.90	0.86	0.83	0.80	0.77	0.75	0.73	0.71	0.67
10	0.88	0.83	0.79	0.75	0.72	0.69	0.67	0.64	0.61
12	0.85	0.79	0.75	0.70	0.67	0.64	0.61	0.59	0.55
14	0.82	0.76	0.71	0.66	0.62	0.58	0.56	0.53	0.50
16	0.79	0.73	0.67	0.62	0.57	0.54	0.51	0.48	0.45
18	0.77	0.70	0.63	0.57	0.53	0.49	0.46	0.43	0.40
20	0.75	0.67	0.59	0.53	0.48	0.44	0.41	0.39	0.36

注：l 为探杆总长度（m）；本表可以内插取值。

3. 绘制动力触探击数沿深度分布曲线

以杆长校正后的击数为横坐标、以贯入深度为纵坐标绘制曲线图。因为采集的数据表示每贯入某一深度的锤击数，故曲线图一般绘制成沿深度方向的直方图。

《岩土工程勘察规范》（GB 50021—2001）对于动力触探的曲线绘制和试验成果作了如下规定：

（1）单孔动力触探应绘制动探击数与深度曲线或动贯入阻力与深度曲线，进行力学分层。

（2）计算单孔分层动探指标，应剔除超前或滞后影响范围内及个别指标异常值。

（3）当土质均匀、动探数据离散性不大时，可取各孔分层平均动探值，用厚度加权平均法计算场地分层平均动探值。

（4）当动探数据离散性大时，宜采用多孔资料或与钻探资料及其他原位测试资料综合分析。

（5）根据动探指标和地区经验，确定砂土孔隙比、相对密度，粉土、黏性土状态，土的强度、变形参数，地基土承载力和单桩承载力等设计参数；评定场地均匀性，查明土坡、滑动面、层面，检验地基加固与改良效果。

4. 标贯测试成果整理

（1）求锤击数 N。如土层不太硬，并能较容易地贯穿 0.30 m 的试验段，则取贯入 0.30 m 的锤击数 N；如土层很硬，不宜强行打入时，可用式（3-4）换算相应于贯入

0.30 m 的锤击数 N。

$$N = \frac{0.3n}{\Delta S} \tag{3-4}$$

式中：

n——所选取的贯入深度的锤击数；

ΔS——对应锤击数 n 的贯入深度（m）。

（2）绘制 N-h 关系曲线。

3.4　试验成果的应用

由于具有方便快捷和对土层适应性强的优点，动力触探在勘察和工程检测中应用甚广，其主要功能有以下几方面。

1. 划分土层

根据动力触探击数可粗略划分土类，如图 3-4 所示。一般来说，锤击数越少，土的颗粒越细；锤击次数越多，土的颗粒越粗。在某一地区进行多次勘测实践后，就可以建立起当地土类与锤击数的关系。如与其他测试方法同时应用，则精度会进一步提高。例如在工程中常将动、静力触探结合使用，或辅之以标贯试验，还可同时取土样，直接进行观察和描述，也可进行室内试验检验。根据触探击数和触探曲线的形状，将触探击数相近的一段作为一层，据之可以划分土层剖面，并求出每一层触探击数的平均值，定出土的名称。动力触探曲线和静力触探曲线一样，有超前段、常数段和滞后段。在确定土层分界面时，可参考静力触探的类似方法。

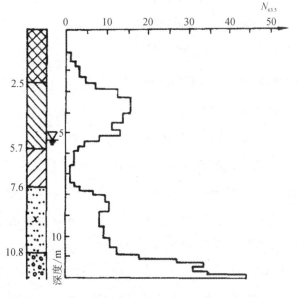

图 3-4　动力触探击数随深度分布的直方图及土层划分

2. 确定地基土的承载力

用动力触探和标准贯入的成果确定地基土的承载力已被多种规范所采纳,此方面内容详见相应规范或参考书。

中国建筑西南勘察院采用 120 kg 重锤和直径 60 mm 探杆的超重型动探,并与载荷试验的比例界限值 p_1 进行统计,对比资料 52 组,得如下公式:

$$f_k = 80N_{120} \quad (3 \leqslant N_{120} \leqslant 10) \tag{3-5}$$

式中:

f_k——地基土承载力标准值(kPa);

N_{120}——校正后的超重型动探击数(击/10 cm)。

中国地质大学(武汉)对黏性土也有类似经验公式:

$$f_k = 32.3N_{63.5} + 89 \ (2 \leqslant N_{63.5} \leqslant 16) \tag{3-6}$$

式中:f_k——地基土承载力标准值;

$N_{63.5}$——重型动探实测击数(击/10 cm)。

注:上列两公式均为经验公式,带有地区性,使用时应注意其限制和积累经验。

3. 求单桩容许承载力

动力触探试验对桩基的设计和施工也具有指导意义。实践证明,动力触探不易打入时,桩也不易打入。这对确定桩基持力层及沉桩的可行性具有重要意义。用标准贯入击数预估打入桩的极限承载力是比较常用的方法,国内外都在采用。具体方法请见参考书。由于动力触探无法实测地基土的极限侧壁摩阻力,因而用于桩基勘察时,主要是采用以桩端承载力为主的短桩。

4. 按动力触探和标准贯入击数确定粗粒土的密实度

动力触探主要用于粗粒土,用动力触探和标准贯入测定粗粒土的状态有其独特的优势。标准贯入可用于砂土,动力触探可用于砂土和碎石土。

利用动力触探和标准贯入的测试成果还可以判断砂土液化可能性(标准贯入法是目前较为一致认可的效果较好的方法,Peck 曾经指出,在评价砂土液化势方面,认为复杂得多的周期性室内试验比标准贯入试验有任何更为优越之处是不公正的),确定黏性土的黏聚力 c 及内摩擦角 φ,确定地基土的变形模量,检验碎石桩的施工质量,等等。

总之,动探和标贯的优点很多,应用广泛。对难以取原状土样的无黏性土和用静探难以贯入的卵砾石层,动探是十分有效的勘测和检验手段。但是,影响其测试成果精度的因素很多,所测成果的离散性大。因此,它是一种较粗糙的原位测试方法。在实际应用时,应与其他测试方法配合;在整理和应用测试资料时,运用数理统计方法,效果会好一些。

动力触探的锤击能量,除了用于克服土对触探头的贯入阻力外,还消耗于锤与锤垫的碰撞、探杆的弹性变形、探杆与孔壁土的摩擦及人拉绳或钢丝绳对锤自由下落的阻力等。用于克服土对触探头阻力的锤击能量为有效锤击能量,只占整个锤击能量的一部分。有效锤击能量的大小是影响动力触探成果 N 值的最主要因素,已引起土工勘测与设计部门的普遍重视。由于影响有效锤击能量的因素较多,且影响程度时大时小,所以动力触探的锤击数含有较多误差,离散性大,再现性差。如果能够把有效锤击能量直接和锤击数建立起相关关系,则动力触探的试验精度将会大幅度提高。目前,最好的办法是在触探头或锤垫上安装测试能量的传感器,直接测定有效锤击能量,即所谓电测动力触探。

动力触探设备多样,探头大小及穿心锤重量等的差别很大,所测成果不能通用。因此,在实际勘察工作中造成很多不便。现国内、外土工勘测专家认为,用探头的单位动贯入阻力将各种动力触探成果(标准贯入除外)做归一化处理,即可使各种动力触探测试成果互相通用。目前,世界上只有少数国家对一种或几种动力触探设备和测试方法做了统一,我国也只有推荐标准。就是以标准贯入试验为例,也有很多不标准的地方。如,美国多采用人力拉锤的办法,我国多采用机械动力提升穿心锤,有的单位采用自动落锤装置控制落距,有的单位并没有这样做,结果使锤击数差别较大。

在实际勘测工作中,应根据不同目的和地层情况选用不同贯入能力的动力触探设备,否则测试成果精度不佳。如在软土地区使用重型动力触探设备,往往是锤击数小,精度很差;采用轻型动力触探,则效果好,具有较好的敏感性,能较好地反映软土强度的变化。在砾石层中,用重型或超重型动力触探效果较好。贯入能力不同,适宜的贯入深度也不同。一般认为,容许的最大贯入深度,轻型动力触探为 6~10 m,重型为 14~25 m,超重型为 40 m。

关于探杆长度的影响,世界各国的看法很不一致。许多国家认为没有影响,探杆长度不必进行校正。其原因是,随测试深度的增加,探杆重量增加,其影响是减少锤击数;但随着深度的增加,探杆和孔壁之间的摩擦力和土的侧向压力也增加了,其影响是增加锤击数。因此两者的影响可部分抵消,不必对探杆长度进行校正。只有我国和日本的个别规范规定,须对探杆长度进行校正。

同时,标准贯入击数或触探击数本身就不是一个很稳定的指标,如钻进方法、控制落锤的方法不统一时,所得结果往往可差一倍以上。因此,进行探杆长度校正的意义不大。通过标准贯入实测,发现真正传输给杆件系统的锤击能量有很大差异,它受机具设备、钻杆接头的松紧、落锤方式、导向杆的摩擦及其他偶然因素等支配。故在实际应用时,按具体岩土工程问题,参照有关规范的规定考虑是否进行杆长修正。

另外,随着贯入深度增加,土的有效上覆压力和侧压力都会增加,锤击数和贯入阻力也会随之增大。

在标准贯入试验中,要在测试前钻孔,其钻进方式和质量对 N 值有较大影响。按规定不允许冲击钻进,冲击钻进会使测试土层受压而使 N 值增大,因而必须采用回转钻进。在砂层中钻进必须采用泥浆护壁,以保持孔壁稳定;否则,测试时锤击探杆探头的震动很易使孔壁坍塌,产生埋钻事故。

项目 4 基桩动荷载试验

4.1 概述

桩的动力测试技术已有多年的历史。最早的动测方法是在能量守恒原理的基础上,利用牛顿碰撞定律,根据打桩时测得的贯入度来推算桩的极限承载力。相应的计算公式也就称为动力打桩公式(简称打桩公式)。打桩公式有很多种,一度成为除静荷载试验以外唯一能用来推断桩承载力的现场试验方法。虽然打桩公式都存在着这样或那样的问题,难以准确判断桩的承载力,但至今国外的不少单位和技术人员还在应用,并且已有不少改进。

近年来,以应力波理论为基础的桩的动测技术在美国和欧洲又有了新的发展。在预估承载力方面,已经开始广泛地应用于就地灌注桩的承载力测试,对如何充分发挥土的阻力又不致使桩顶或桩身引起破坏的问题,研究出一些措施。目前在国外应用最广泛的桩的动测仪器有下列几种。

1. PID 打桩分析仪

PID 打桩分析仪是由瑞典乌波萨拉大学等根据 CASE 法原理研制成功,并由瑞典打桩技术发展公司生产的。PID 打桩分析仪除可用来检验桩的完整性和预估承载力外,还可测定打桩时桩身的锤击应力。

2. TNO 基础桩诊断系统

由荷兰建筑材料与建筑结构研究所研制成的这一检测仪器是一种声波式的测试仪。该仪器体积小、重量轻,适宜于现场试验。TNO 诊断系统最初仅用于检验桩的完整性,后来又研制了动荷载试验和打桩分析的方法及计算程序,可用来预估桩的侧阻力、端阻力和桩的荷载-沉降特性以及监测打桩过程中桩和桩锤的性能,并可根据土的性质、锤的参数和桩的尺寸,对打桩效率和可行性做出判断。

3. PDA 打桩分析仪

PDA 打桩分析仪是由美国桩动力公司(PDI 公司)在高勃尔教授主持下生产的,可用来检验桩的完整性并利用 CAPWAPC 程序预估桩的承载力。该仪器是现今世界上公认的最能代表高应变测桩技术水平的主流仪器。同时,PDI 公司还研制生产了专用于低应变测试的 PIT 分析仪,在动测界具有很强的影响力。

4. PDR 打桩记录仪

PDR 打桩记录仪是由荷兰富国国际工程地质公司生产的,可以监测打桩过程并同时显示出打桩时桩的承载力。

上述动测仪器及相应测试技术在国外已得到广泛的应用,一些仪器例如 PID、PIT、TNO 和 PDA 等在国内也有不少单位使用。我国自 20 世纪 70 年代开始研究桩的动力测试技术。中国科学院武汉岩土工程研究所收了国内外的先进技术,对桩的动测仪器和应用技术做了进一步的研究,在大量的现场测试和室内试验的基础上,发挥该所的技术优势,研制了独具特色的测桩仪器、配套软件和测试分析技术,在国内的桩基动测界具有很强的影响力。其所研制的 RSM 系列桩基动测分析仪功能强、精度高、可靠性好,能适应现场较差的使用环境,是国内动测仪器的主导产品。

我国在桩的动测技术方面的研究远不止上述几个方面,有些单位还研制了新的测试方法和设备,有的已付诸工程实践,目前已在推广应用的几种动测法,也在进一步研究改进之中。

现有的各种动力测试方法依据其激发能量对于桩身的影响而划分为高应变和低应变两大类,其中得到广泛应用的属于高应变的代表性方法有 CAPWAPC 法(实测曲线拟合法)和 CASE 法;属于低应变的代表性方法有反射波法、机械阻抗法、声波透射法和动力参数法等,其中声波透射法并不需要对桩身进行激振,但习惯上仍将其归于低应变动力测试法。

限于课时和篇幅的限制,本章仅讲述低应变动力测试法中的反射波法,其余方法可查阅相关书籍。

4.2　试验方法和设备

反射波法(也称为应力波反射法)的现场测试示意图如图 4-1 所示。完整的测试分析过程可以描述如下:用手锤(或力棒)在桩头施加一瞬态冲击力 $F(t)$,激发的应力波沿桩身传播,同时利用设置在桩顶的加速度传感器或速度传感器接收初始信号和由桩阻抗变化的截面或桩底产生的反射信号,经信号处理仪器滤波、放大后传至计算机得到时程曲线(称为波形),最后分析者利用分析软件对所记录的带有桩身质量信息的波形进行处理和分析,并结合有关地质资料和施工记录做出对桩的完整性判断。

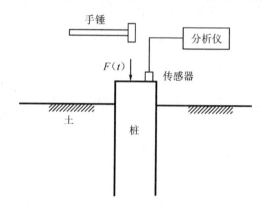

图 4-1　反射波法的现场测试示意图

反射波法使用的设备包括激振设备(手锤或力棒)、信号采集设备(加速度传感器或速度传感器)和信号采集分析仪。

激振设备的作用是产生振动信号。一般地,手锤产生的信号频率较高,可用于检测短、小桩或桩身的浅部缺陷;力棒的重量和棒头可调,增加力棒的重量和使用软质棒头(如尼龙、橡胶)可产生低频信号,可用于检测长、大桩和测试桩底信号。激振的部位宜位于桩的中心,但对于大桩也可变换位置以确定缺陷的平面位置。激振的地点应打磨平整,以消除桩顶杂波的影响。另外,力棒激振时应保持棒身竖直,手锤激振时锤底面要平,以保持力的作用线竖直。

采集信号的传感器一般用黄油或凡士林粘贴在桩顶距桩中心 2/3 半径处(注意避开钢筋笼的影响)的平整处,注意粘贴处要平整,否则要用砂轮磨平。粘贴剂不可太厚,但要保证传感器粘贴牢靠且不要直接与桩顶接触。需要时可变换传感器的位置或同时安装两只传感器。

信号采集分析仪用于测试过程的控制以及反射信号的过滤、放大、分析和输出。测试过程中应注意连线应牢固可靠,线路全部连接好后才能开机。仪器一般配有操作手册,应严格遵循。

4.3　基本测试原理与波形分析

1. 广义波阻抗及波阻抗界面

设桩身某段为一分析单元,其桩身介质密度、弹性波波速、截面面积分别用 ρ、C、A 表示,则令

$$Z = \rho C A \tag{4-1}$$

称 Z 为广义波阻抗。当桩身的几何尺寸或材料的物理性质发生变化时,则相应的 ρ、C、A 发生变化,其变化发生处称为波阻抗界面。界面上下的波阻抗比值为

$$n = \frac{Z_1}{Z_2} = \frac{\rho_1 C_1 A_1}{\rho_2 C_2 A_2} \tag{4-2}$$

称 n 为波阻抗比。

2. 应力波在波阻抗界面处的反射与透射

设一维平面应力波沿桩身传播,当到达一与传播方向垂直的某波阻抗界面(见图 4-2)时,根据应力波理论,由连续性条件和牛顿第三定律有

$$V_I + V_R = V_T \tag{4-3}$$

$$A_1(\sigma_I + \sigma_R) = A_2 \sigma_T \tag{4-4}$$

式中,V、σ 分别表示质点振动的速度和产生的应力,下标 I、R、T 分别表示入射波、反射波和透射波。

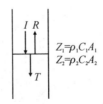

图 4-2　应力波的反射与透射

由波阵面的动量守恒条件导得

$$\sigma_I = -\rho_1 C_1 V_I \qquad \sigma_R = \rho_1 C_1 V_R \qquad \sigma_T = -\rho_2 C_2 V_T$$

代入式(4-4),得

$$\rho_1 C_1 A_1 (V_I - V_R) = \rho_2 C_2 A_2 V_T \qquad (4-5)$$

联立式(4-3)和(4-5),求得

$$V_R = -F V_I \qquad (4-6a)$$

$$V_T = nT V_I \qquad (4-6b)$$

式中:

$$F = \frac{1-n}{1+n} \qquad (4-7a)$$

F 称为反射系数;

$$T = \frac{2}{1+n} \qquad (4-7b)$$

T 称为透射系数。

　　式(4-6)是反射波法中利用反射波与入射波的速度量的相位关系进行分析的重要关系式。

3. 桩身不同情况下应力波速度量的反射、透射与入射的关系

　　(1) 桩身完好,桩底支承条件一般。此时,仅在桩底存在界面,速度波沿桩身传播,如图4-3所示。

　　因为 $\rho_1 C_1 A_1 > \rho_2 C_2 A_2$,所以 $n = Z_1 / Z_2 > 1$,代入式(4-7)得

$$F < 0 \ (T \ 恒 > 0)$$

　　由式(4-6)可知,在桩底处,速度量的反射波与入射波同号,体现在 $V(t)$ 时程曲线上,则为波峰相同(同向)。典型完好桩的实测波形如图4-4所示。

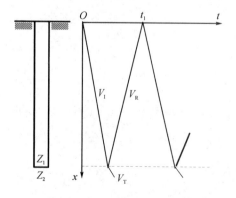

图 4-3　桩身完好时的波传播过程

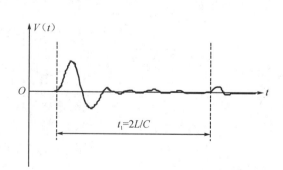

图 4-4　典型完好桩的实测波形

由图 4-3、4-4 分析可得,激振信号从触发到返回桩顶所需的时间 t_1、纵波波速 C、桩长 L 三者之间的关系为

$$C = \frac{2L}{t_1} \tag{4-8}$$

式(4-8)即为反射波法中判断桩长或求解波速的关系式。在式(4-8)的应用上,应已知 C 或 L 之中的一个,当二者都未知时,有无穷个解,因此实用中常常利用统计的方法或其他试验的方法来假定 C 或根据施工记录来假定 L,以达到近似求解的目的。

(2) 桩身截面积变化。

① L_1 处桩截面减小。如图 4-5 所示,可知在 L_1 处有

$$n = Z_1/Z_2 = A_1/A_2 > 1$$

可得 $F < 0$。于是有:V_R 与 V_I 同号,而 V_T 恒与 V_I 同号。截面减小时的测试波形如图 4-6 所示。假定 C 为已知,则桩长和桩截面减小的位置可以确定如下:

$$L = \frac{1}{2}Ct_2 \quad L_1 = \frac{1}{2}Ct_1$$

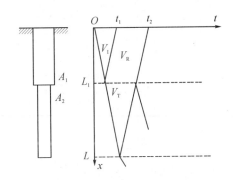

图 4-5　截面减小时的波传播过程

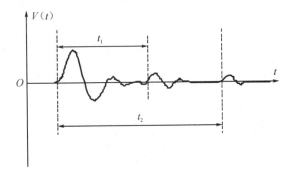

图 4-6　截面减小时的测试波形

② L_1 处截面增大。如图 4-7 所示,可知在 L_1 处有

$$n = Z_1/Z_2 = A_1/A_2 < 1$$

于是有 $F > 0$。可得结论:截面积增大处,V_R 与 V_I 反号,而 V_T 恒与 V_I 同号。截面变大时的测试波形如图 4-8 所示。桩长和桩截面变化的位置可以确定如下:

$$L = \frac{1}{2}Ct_2 \quad L_1 = \frac{1}{2}Ct_1$$

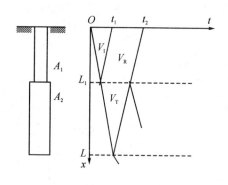

图 4-7　截面变大时的波传播过程

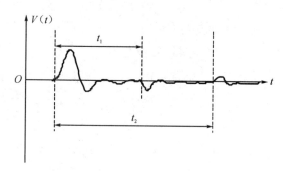

图 4-8　截面变大时的测试波形

(3)桩身断裂。

① 桩身在 L_1 处完全断开。如图 4-9 所示,Z_2 相当于空气的波阻抗,有 $Z_2 \to 0$,于是得

$$n = Z_1/Z_2 = A_1/A_2 \to \infty$$

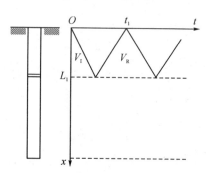

图 4-9　桩身断裂时的波传播过程

由式(4-7)得

$$F = -1, \quad T = 0$$

代入式(4-6a)和(4-6b),可得

$$V_R = V_I, \quad V_T = 0$$

即应力波在断开处发生全反射,由于透射波为零,故应力波仅在上部多次反射而

到不了桩底。

断桩的测试波形如图 4-10 所示。断裂的位置可按下式确定：

$$L_1 = \frac{1}{2}Ct_1 = \frac{1}{2}C(t_2 - t_1) = \cdots = \frac{1}{2}C(t_i - t_{i-1}) = \cdots$$

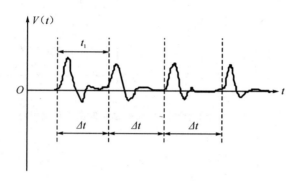

图 4-10　断桩的测试波形

② 桩身在 L_1 处局部断裂（裂纹）。桩身局部断裂时的波传播过程如图4-11所示，测试波形如图4-12所示。L_1 处反射信号与 L 处（桩底）反射信号的强弱，随着裂纹的严重程度而不同。

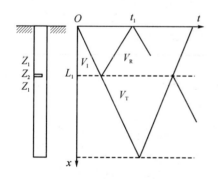

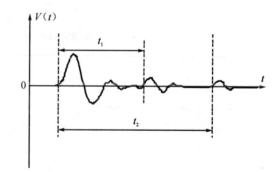

图 4-11　桩身局部断裂时的波传播过程　　　　图 4-12　桩身局部断裂时的测试波形

（4）桩身局部缩径、夹泥、离析。桩身局部缩径、夹泥、离析时的波传播过程如图 4-13所示，测试波形如图 4-14 所示。

① 缩径：$n_1 = Z_1/Z_2 = A_1/A_2 > 1, F < 0$，所以，$V_R$ 与 V_I 同号，V_T 与 V_I 同号；$n_2 = Z_2/Z_1 = A_2/A_1 < 1, F > 0$，所以，$V_R$ 与 V_I 反号，V_T 与 V_I 同号。

② 夹泥和离析：

$$n_1 = \frac{Z_1}{Z_2} = \frac{\rho_1 C_1}{\rho_2 C_2} > 1, \ n_2 = \frac{\rho_2 C_2}{\rho_1 C_1} < 1$$

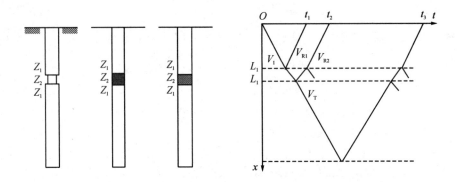

图 4-13　桩身局部缩径、夹泥、离析时的波传播过程

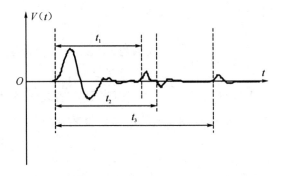

图 4-14　桩身局部缩径、夹泥、离析时的测试波形

所以上述三种情况的 V_R 与 V_I 及 V_T 与 V_I 的关系相似,实测中的波形特征也极为类似。桩长和缺陷位置等特征可根据图 4-14 确定如下:

桩长:
$$L = \frac{1}{2}Ct_3$$

缺陷位置:
$$L_1 = \frac{1}{2}Ct_1$$

缺陷范围:
$$\Delta L = \frac{1}{2}C(t_2 - t_1)$$

实际上,由于 L_2 处的反射信号在返回桩顶时又经过 L_1 处的反射与透射,故能量较 L_l 处的一次反射弱,一般较难分辨。当缺陷严重时,桩底的反射信号也较弱。

另外,以上三种缺陷的进一步鉴别可根据以下情况区分:

a. 根据地质报告和施工记录以及桩型区分;

b. 根据波形的光滑与毛糙情况区分;

c. 根据波速区分。

(5)桩底扩大头。有扩大头时的波传播过程如图 4-15 所示,测试波形如图 4-16

所示。

（6）桩底嵌岩或坚硬持力层。嵌岩桩的波传播过程如图 4-17 所示。

① $Z_1 < Z_2$，$n < 1$，V_R 与 V_I 反号，嵌岩桩的测试波形如图 4-18 所示。

② $Z_1 \approx Z_2$，$n \approx 1$，$F \approx 0$，V_R 接近为零，此时桩底基本不产生反射信号，反映在波形图上，则看不见桩底反射信号。

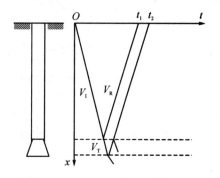

图 4-15　有扩大头时的波传播过程

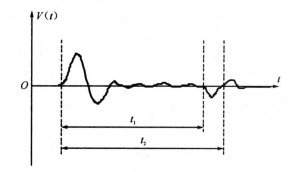

图 4-16　有扩大头时的测试波形

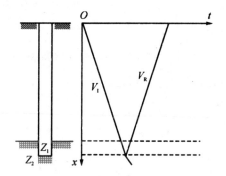

图 4-17　嵌岩桩的波传播过程

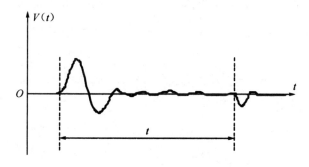

图 4-18　嵌岩桩的测试波形

3. 弹性波在传播过程中的衰减

弹性波在混凝土介质内传播的过程中,其峰值不断衰减,引起弹性波峰值衰减的原因很多,主要包含以下三种:

(1)几何扩散。波阵面在混凝土中不论以什么形式(球面波、柱面波或平面波)传播,均将随距离增加而逐渐扩大,单位面积上的能量则愈来愈小。若不考虑波在介质中的能量损耗,由波动理论可知:在距振源较近时,球面波的位移和速度与 $1/R^2$ 成正比变化,而应变、径向应力则与 $1/R^3$ 成正比;柱面波 d 的位移和速度与 $1/R$ 成正比,而应变、径向应力则与 $1/R^2$ 成正比。在距振源较远时,球面波波阵面处的径向应力、质点速度与 $1/R$ 成正比,而柱面波的相应量随 $1/\sqrt{r}$ 而衰减。

(2)吸收衰减。由于固体材料的粘滞性及颗粒之间的摩擦以及弥散效应等,使振动的能量转化为其他能量,导致弹性波能量衰减。

(3)桩身完整性的影响。由于桩身含有程度不等和大小不一的缺陷,如裂隙、孔洞、夹层等,造成物性上的不连续性、不均匀性,导致波动能量更大的衰减。

4. 混凝土的强度及其弹性波速

混凝土是由水泥、砂、碎石组成的混合材料。当原材料、配合比、制作工艺、养护条件、龄期和混凝土的含水率不同时,其强度和弹性波速均不一样。影响波速的主要因素有以下三方面:

(1)原材料的影响。水泥浆硬化体的弹性波速较低,一般在 4 km/s 以下;常用的砂和碎石的弹性波速较高,通常都在 5 km/s 以上。混凝土是水泥浆胶结砂和碎石而成,因此它的强度和弹性波速实际上是砂、碎石和水泥硬化体的波速综合值。一般混凝土中的波速多在 3 000~4 500 m/s 的范围内。

(2)碎石的矿物成分、粒径和用量的影响。不同矿物形成的碎石的弹性波速是不同的。在混凝土中,石子的粒径越大、用量越多,在相同强度的前提下混凝土的弹性波速越高。

(3)养护方式的影响。根据室内试验的结果,混凝土的强度和弹性波波速之间有较好的相关性。下述公式可供参考。

$$\sigma_c = 4.18e^{0.49C} \tag{4-9}$$

式中:

σ_c——混凝土的标准抗压强度(MPa);

C——混凝土的纵波波速(km/s)。

上式的统计样本容量 $n=30$,相关系数 $\gamma=0.9869$。

项目 5　锚杆抗拔试验

5.1　概述

锚杆是一种一端固定在边坡或地基内部的稳定岩(土)层中,另一端与工程结构物联结的受拉杆件。锚杆在稳定岩(土)层中的部分称为锚固段(或锚固端),在非稳定层中的部分称为自由段(非锚固段)。锚杆可以承受由土压力、风力或水压力等施加于建筑物上的推力或上托力并将其通过锚固端传递到稳定的岩土层中,从而利用地层的锚固力维持结构物的稳定。

根据设置的环境,锚杆可以划分为土层锚杆和岩层锚杆;根据其结构形式,锚杆可分为灌浆锚杆和非灌浆锚杆,其中灌浆锚杆是工程中广泛采用的形式。

在 20 世纪 50 年代以前,锚杆只是作为施工过程中的一种临时支护措施,例如采矿工业中的临时性木锚杆或钢锚杆等。20 世纪 50 年代中期以后,在国外的隧道工程中开始广泛采用小型永久性的灌浆锚杆和喷射混凝土代替过去的隧道衬砌结构。20 世纪 60 年代以后,锚固技术迅速发展并广泛应用到土木工程的许多领域中。作为轻型的挡土结构,锚杆挡土墙取代了笨重的重力式圬工挡土墙,因其可以节省大量的材料和经费并能加快施工进度而广泛用于铁路、公路、码头护岸和桥台。作为经济有效的加固措施,锚杆技术已大量用于基坑护壁、地下厂房、隧洞、船坞、水坝加固和边坡加固等工程。

锚杆主要用于天然地层中。灌浆锚杆的受拉构件有粗钢筋、高强钢丝束和钢绞线等三种不同类型;相应的施工工艺有简易灌浆、预压灌浆、化学灌浆以及许多特殊的专利锚固灌浆技术(可参见一些外国公司的专利文献)。

灌浆锚杆是用水泥砂浆将一组钢拉杆(粗钢筋或钢丝束、钢绞线等)锚固在伸向地层内部的钻孔中,并在其外端承受拉力的圆柱状锚体。它的中心受拉部分是钢拉杆。钢拉杆所承受的拉力首先通过拉杆与周边砂浆的握裹力而传递到水泥砂浆中,然后再通过砂浆与锚固段周边地层的摩阻力而传递到锚固区的稳定地层中。

灌浆锚杆的钻孔方向一般沿水平向下倾斜 $10°\sim45°$,施工时钻孔的深度须超过建筑物背后的主动土压区或已有的滑动面,并须在稳定地层中达到足够的有效锚固长度(见图 5-1)。锚杆末端锚入稳定层内的有效锚固段所能承受的最大拉力称为锚固段的极限抗拔力。

我国常采用粗钢筋作为拉杆并采用不加压的灌浆工艺。这种简易锚杆一般可达到每米 100 kN 左右的极限抗拔力,每根锚杆有可能承受 300 kN 左右的设计拉力。

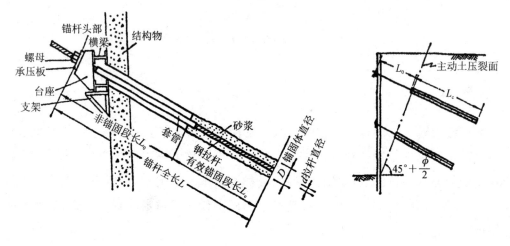

图 5－1　锚杆的结构

锚杆头部与建筑物的联结一般采用螺丝端杆、螺帽及垫板。采用高强度螺纹钢筋作为拉杆可以保证充分利用砂浆的握裹力。西方各国采用的灌浆锚杆多数以高强钢丝束作为拉杆并用特殊的施工工艺以求达到较高的极限抗拔力。许多西方工程公司为了在技术上进行竞争,研究发展有多种不同的锚杆构造、灌浆工艺和专用机具。

灌浆锚杆在工程中的应用主要在于下述几个方面:

(1) 将锚杆与 H 型钢桩或钻孔桩共同使用以支撑土体的侧壁。近些年来,一些国家在高层建筑物的基坑工程、地下铁道、船坞、港口、地下工程中广泛使用锚杆支护。例如,日本在修建国铁中央线田立至板下间,用锚杆来支撑既有铁路边坡,在该项工程中锚杆的平均长度为 12.5 m,钻孔直径为 116 mm,使用直径 33 mm 钢拉杆,每根锚杆承受 200～250 kN 的设计拉力。我国在北京地下铁道、高层建筑物基坑和许多铁路工程中也已采用这种类型的锚杆支护。

(2) 用预应力锚杆增强水坝或挡土墙的稳定性,可以节省新建筑物的圬工或提高既有建筑物的抗滑能力。例如我国梅山水库,1962 年在溢洪道消力池加固工程中采用了预应力灌浆锚杆。该工程锚杆直径为 160～200 mm,长为 15 m,每根锚杆的抗拔力达 400～500 kN,采用锚杆方案仅为重力式结构造价的 1/3。

(3) 加固不稳定的岩石边坡。例如美国鲍德屋水电站完工后,发现一处长 62 m、高 37 m、最大厚度 6 m 的危险峭壁,有可能坍落到电站上。于是采用了 349 根灌浆锚杆将危险的峭壁与基岩锚在一起,并在每根锚杆上施加了 285 kN 的预应力。

(4) 锚杆基础。当基础承受有较大的水平荷载或力矩,而岩层的埋深较浅时,可以利用锚杆将基础与岩层锚固在一起,以增加基础抵抗水平荷载和外加力矩的能力。此类基础也就称为岩石锚杆基础。

对锚杆的设计和施工质量检验而言,锚杆的抗拔承载力是最重要,也是最基本的指标。而锚杆的抗拔承载力又受控于诸如岩土性质、材料特性和施工质量等多种因素,要准确地估计是比较困难的。因此,用原位测试的方法确定锚杆的承载力就显得十分必要了。

5.2　试验设备和方法

5.2.1　试验设备

一般可使用单千斤顶加载法或双千斤顶加载法施加荷载。单千斤顶加载法使用一个张拉千斤顶和油泵在锚杆外端施加拉力。双千斤顶加载法采用两个液压千斤顶作为支点,其上架设钢梁,锚杆通过螺帽和钢板固定在钢梁上构成加载系统施加拉力。当试验锚杆位于斜坡上或坑壁上时,加载系统下一般应搭设支架。露出钻孔外端的锚杆至少用两个百分表(左右各一个)或挠度计量测在各个不同拉力下的锚杆位移量。双千斤顶加载装置的布置如图 5-2 所示。

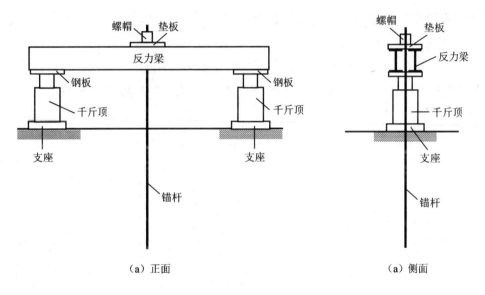

（a）正面　　　　　　　　　　　　（a）侧面

图 5-2　双千斤顶和加载装置的布置

5.2.2　试验方法

灌浆锚杆的现场试验须等砂浆达到 80％ 以上的设计强度后才能进行。试验前应平整场地,做好支座及千斤顶的安装工作并架好基准系统。

试验方法一般有两种:循环加载法和分级加载法,可根据设计意图和规范的规定选择。《建筑地基基础设计规范》(GB 50007—2011) 将锚杆抗拔试验分为基本试验和验收试验,分别采用不同的试验方法,同时对岩层中的锚杆抗拔试验又专门做了规定。

5.2.3 《建筑地基基础设计规范》对于锚杆抗拔试验的规定

1. 基本试验要点

（1）任何一种新型锚杆或已有锚杆用于未曾应用过的土层时，必须进行基本试验。

（2）基本试验锚杆不应少于 3 根，用作基本试验的锚杆参数、材料及施工工艺必须和工程锚杆相同。

（3）最大试验荷载（Q_{max}）不应超过钢丝、钢绞线、钢筋强度标准值（$A \cdot f_{plk}$）的 0.8 倍。

（4）锚杆基本试验加荷等级与测读锚头位移应遵守下列规定：

① 采用循环加荷，初始荷载宜取 $A \cdot f_{plk}$ 的 0.1 倍，每级加荷增量宜取 $A \cdot f_{plk}$ 的 $1/10 \sim 1/15$。

② 岩层、砂质土、硬黏土中锚杆基本试验加荷等级与观测时间见表 5-1。

③ 在每级加荷等级观测时间内，测读锚头位移不应少于 3 次。

④ 在每级加荷等级观测时间内，锚头位移增量不大于 0.1 mm 时，可施加下一级荷载，否则要延长观测时间，直至锚头位移增量 2.0 h 小于 2.0 mm 时，再施加下一级荷载。

（5）软土中锚杆基本试验加荷等级与测定锚头位移应遵守下列规定：

① 初始荷载宜取 $A \cdot f_{plk}$ 的 0.1 倍，每级加荷增量宜取 $A \cdot f_{plk}$ 的 $1/10 \sim 1/15$。加荷等级为 $A \cdot f_{plk}$ 的 0.5 和 0.7 倍时，采用循环加载。循环加荷分级与观测时间同表 5-1。

表 5-1 岩层、砂质土、硬黏土中锚杆基本试验加荷等级与观测时间

加荷增量/($A \cdot f_{plk}$)							
初始荷载	—	—	—	10	—	—	—
第一循环	10	—	—	30	—	—	10
第二循环	10	20	30	40	30	20	10
第三循环	10	30	40	50	40	30	10
第四循环	10	30	50	60	50	30	10
第五循环	10	30	50	70	50	30	10
第六循环	10	30	60	80	60	30	10
观测时间/min	5	5	5	10	5	5	5

② 淤泥及淤泥质土中锚杆基本试验各加荷等级的观测时间见表 5-2。

表 5-2 淤泥及淤泥质土中锚杆基本试验各加荷等级的观测时间

加荷增量/($A \cdot f_{plk}$)	初始荷载	第一级	第二级	第三级	第四级	第五级	第六级
	10	30	40	50	60	70	80
观测时间/min	15	15	15	30	120	30	120

③ 在每级加荷等级观测时间内,测读锚头位移不少于 3 次。

④ 荷载等级小于 $A \cdot f_{plk}$ 的 50% 时每分钟加荷不宜大于 20 kN,荷载等级大于 $A \cdot f_{plk}$ 的 50% 时每分钟加荷不宜大于 10 kN。

⑤ 当加荷等级为 $A \cdot f_{plk}$ 的 0.6 和 0.8 倍时,锚头位移增量在观测时间 2 h 内小于 2.0 mm,才能施加下一级荷载。

(6) 锚杆破坏标准:

① 后一级荷载产生的锚头位移增量达到或超过前一级荷载产生位移增量的 2 倍。

② 锚头总位移不收敛。

③ 锚头总位移超过设计允许位移值。

(7) 试验报告应绘制锚杆荷载-位移(Q-s)曲线、锚杆荷载-弹性位移(Q-s_e)曲线、锚杆荷载-塑性位移(Q-s_p)曲线。

(8) 基本试验所得的总弹性位移应超过自由段长度理论弹性伸长的 80%,且小于自由段长度与 1/2 锚固段长度之和的理论弹性伸长。

(9) 锚杆的极限承载力为锚杆破坏前一级荷载的 95%。

2. 验收试验要点

(1) 验收试验锚杆的数量不宜少于工程锚杆总数的 5%,且不得少于 3 根。

(2) 最大试验荷载为锚杆轴向拉力设计值的 1.2 倍且不应超过预应力筋 $A \cdot f_{plk}$ 值的 0.8 倍。

(3) 验收试验对锚杆施加荷载与测读锚头位移应遵守以下规定:

① 初始荷载宜取锚杆设计轴向拉力值的 0.1 倍。

② 加荷等级与各等级荷载观测时间应满足表 5-3 中的规定。

表 5-3　验收试验锚杆的加荷等级与观测时间

加荷等级	观测时间/min
$Q_1 = 0.10N_1$	5
$Q_2 = 0.25N_1$	5
$Q_3 = 0.50N_1$	5
$Q_4 = 0.75N_1$	10
$Q_5 = 1.00N_1$	10
$Q_6 = 1.20N_1$	15

③ 每级加荷等级观测时间内,测读锚头位移不应少于 3 次。

④ 最大试验荷载观测 15 min 后,卸荷至 $0.1N_1$ 量测位移,然后加荷至锁定荷载锁定。

（4）将试验结果绘制成锚杆验收试验图。锚杆验收标准如下：

① 验收试验所得的总弹性位移应超过自由段长度理论弹性伸长的 80%，且小于自由段长度与 1/2 锚固段长度之和的理论弹性伸长。

② 在最大试验荷载作用下，锚头位移趋于稳定。

5.2.4 《建筑地基基础设计规范》对于岩石锚杆抗拔试验的规定

（1）在同一场地同一岩层中的锚杆，试验数不得少于总锚杆的 5%，且不应少于 6 根。试验结果的极差不得大于平均值的 30%。如果超越过此限值时，应加大锚杆的试验数量。

（2）试验采用分级加载制。荷载分级不得少于 8 级。试验的最后加载量不应少于锚杆承载力设计值的 2 倍。

（3）每级荷载施加完毕后，应立即测读位移量，以后每间隔 5 min 测读一次。连续 4 次测读出的锚杆拔升值均小于 0.01 mm 时，认为在该组荷载下的位移已达到稳定状态，可继续施加下一级上拔荷载。

（4）当出现下列情况之一时，即可终止锚杆的上拔试验：

① 锚杆拔升量持续增长，且在 1 h 时间范围内未出现稳定的迹象时。

② 新增加的上拔力无法施加，或者施加后无法使上拔力保持稳定时。

③ 锚杆的钢筋已被拔断，或者锚杆或锚筋被拔出时。

（5）符合上述终止条件的前一级拔升荷载，即该锚杆的极限抗拔力试验值。计算出锚杆的极限抗拔力平均值。锚杆抗拔力标准值应根据统计分析后得出。

（6）试验锚杆钻孔时，应利用从钻孔取出的岩芯加工成标准试件，进行岩石在天然湿度条件下的单轴加压试验，每根试验锚杆的试样数不得少于 3 个。

（7）试验结束后，必须对锚杆试验现场的破坏情况进行详尽的描述和拍摄照片。

5.3 需要注意的问题

（1）应注意反力支点位置的确定。支点位置的确定是一个重要的问题，因为支点位置过小有可能影响锚杆周围的应力场，从而得出不真实的锚杆抗拔力；而支点位置过大则给试验造成困难。在现场实测工作中可以考虑以相邻锚杆间距的 2 倍作为反力梁两个支点的中心距离。

（2）在实际工程中，锚杆总是以群锚的形式工作的。只是在比较苛刻的条件下才能以单锚承载力的简单集合来衡量群锚的承载力。而在检测工作中能做到的只是对单锚承载力的评判。如何由单锚承载力换算得到实际需要的群锚承载力，或者由单锚的检测结果推论锚固工程的合格性，这已经不是单由检测工作就能确定的任务了。在这一点上，锚杆检测与桩基检测是类似的，然而锚杆检测的问题要更突出一些。

附录:某拟建场地岩土工程勘察报告

1 前言

拟建工程为某市万科城3号地B区及商业标段地下车库场。工程概况如下。

1.1 工程概况

根据建设方提供的最新的建筑物平面图及《建(构)筑物地基岩土工程勘察任务书》,拟建某市万科城3号地B区各建筑物概况见附表1。

附表1 拟建建筑物概况一览表

建筑物编号及名称	设计室内整平标高(±0.00)/m	地上层数	结构类型	地下层数	对差异沉降敏感程度	基础类型	基底荷载标准值/(kN/m²)	基础埋深/m
6#楼	434.50	30	剪力墙	1	敏感	桩基	520	−6.30
7#楼	435.00	33	剪力墙	1	敏感	桩基	560	−6.30
8#楼	435.30	33	剪力墙	1	敏感	桩基	560	−6.30
9#楼	435.30	33	剪力墙	1	敏感	桩基	560	−6.30
10#楼	435.30	28	剪力墙	1	敏感	桩基	480	−6.30
11#楼	435.00	22	剪力墙	1	敏感	桩基	390	−6.30
12#楼	434.65	33	剪力墙	1	敏感	桩基	560	−6.30
13#楼	434.35	19	剪力墙	1	敏感	筏形基础	340	−6.30
14#楼	434.10	33	剪力墙	1	敏感	桩基	560	−6.30
15#楼	433.70	33	剪力墙	1	敏感	桩基	560	−6.30
15#楼18F单元	433.70	18	剪力墙	1	敏感	桩基	340	−6.30
15#楼商业部分	433.70	1	框架		敏感	独立基础	150	−1.00
其余楼6F单元		6	剪力墙	1	敏感	条形基础	150	−6.30
地下车库	433.60	1	框架	1	敏感	独基	150	−4.50
8#、9#楼间商业裙房	地上2层,基础埋深按1m考虑							

根据《岩土工程勘察规范》(GB 50021—2001)(2009年版)的划分标准,拟建7#～9#、12#、14#、15#楼工程重要性等级为一级,6#、10#、11#、13#楼工程重要性等级为二级,商业裙房及地下车库工程重要性等级为三级;场地等级为二级,地基等级为二级,本次岩土工程勘察等级为甲级。

按《湿陷性黄土地区建筑标准》(GB50025—2018),拟建的 1♯～15♯ 楼属甲类建筑,商业裙房及地下车库属丙类建筑。

1.2 勘察目的

根据国家现行有关规范及《建(构)筑物地基岩土工程勘察任务书》、建筑物平面图,本次勘察目的如下:

(1)查明拟建场地内及其附近有无影响工程稳定性的不良地质作用及地质灾害,评价场地的稳定性及建筑适宜性;

(2)查明拟建场地地层结构及地基土的物理力学性质;

(3)查明黄土场地湿陷类型及地基湿陷等级;

(4)查明场地内地下水埋藏条件和对工程建设的影响;

(5)查明场地内地基土及地下水对建筑材料的腐蚀性;

(6)提供场地抗震设计有关参数,评价有关土层的地震液化效应;

(7)提供各层地基土承载力特征值及变形参数;

(8)对拟建建筑物地基基础方案进行分析论证,提供技术可行、经济合理的地基基础方案,并提供各种方案所需的岩土参数;

(9)提供基坑支护设计所需的岩土参数等。

1.3 勘察工作依据

本次勘察工作主要按下列规程、规范及《建(构)筑物地基岩土工程勘察任务书》、建筑物平面图进行:

(1)《岩土工程勘察规范》(GB 50021—2001)(2009 年版);

(2)《建筑地基基础设计规范》(GB 50007—2011);

(3)《湿陷性黄土地区建筑标准》(GB 50025—2018);

(4)《建筑抗震设计规范》(GB 50011—2016);

(5)《高层建筑岩土工程勘察标准》(JGJ 72—2017);

(6)《建筑地基处理技术规范》(JGJ 79—2012);

(7)《建筑桩基技术规范(JGJ 94—2008)》(JGJ 94—2008);

(8)《土工试验方法标准》(GB/T 50123—2019)等。

1.4 勘察工作量及完成情况

本次岩土工程勘察工作量是根据勘察阶段、地基复杂程度及建筑物规模,按照上述规范的有关规定布置的,布置并完成工作量如下:

1.4.1 本次勘察布置并完成如下工作量

(1)钻孔 42 个,孔号为 B01～B42,孔深为 15.00～75.00 m,合计进尺 2 180.30 m;其

中泥浆护壁钻进 2 130.00 m。

（2）探井 7 个，井深均为 12.00 m，合计进尺 84.00 m；

（3）现场完成标准贯入试验 282 次；

（4）完成剪切波速试验孔 7 个，测深均为 20 m，合计测点 140 个；

（5）取不扰动土试样 468 件，扰动砂样 76 件，水样 1 组；

（6）室内完成常规土工试验 392 件，黄土湿陷性试验 204 件，自重湿陷性试验 87 件，湿陷起始压力试验 36 件，直剪（固结快剪）试验 40 件，颗粒分析试验 76 件，水的腐蚀性测试 1 组；

（7）测放点 42 个。（工作量统计详见附表 2）

附表 2　本次勘察完成工作量统计表

勘探点编号	钻探深度/m	探井深度/m	常规试验/件	标准贯入/次	直接剪切/件	剪切波速/m	颗粒分析/件	黄土湿陷/件	自重湿陷/件	湿陷起始压力/件	水腐蚀/组
B01	60										
B02	75		19	4	7		4	9			
B03	50	12	20	5			5	13	13	12	
B04	40										
B05	50		14	5	6		5	6			
B06	40										
B07	50		6	12	5	20	3	6			
B08	40			16							
B09	30		10	3			3	8			
B10	15			7							
B11	60			21							
B12	75		21	1	7	20	3	8			
B13	60			20							
B14	75	12	28	3			3	13	12	12	
B15	30		9	4			4	7			1
B16	75		19	5			5	6			
B17	25			7							
B18	75	12	26	6			6	12	12		
B19	60			19							
B20	75		20	4		20	4	8			
B21	20.3		8	2			2	8			
B22	15			7							
B23	75		22	3	8	20	3	8			

续表

勘探点编号	钻探深度/m	探井深度/m	常规试验/件	标准贯入/次	直接剪切/件	剪切波速/m	颗粒分析/件	黄土湿陷/件	自重湿陷/件	湿陷起始压力/件	水腐蚀/组
B24	60			7							
B25	75		21	2				2	8		
B26	25			12							
B27	30		11	2				2	8		
B28	40			10							
B29	65	12	23	4				4	14	14	
B30	50			6							
B31	65		18	4	7			4	8		
B32	50										
B33	60			20							
B34	75		21	5				3	9		
B35	60			8							
B36	30	12	10	3				3	8	8	
B37	25										
B38	50	12	22	3		20	3	14	14		
B39	50			19							
B40	65	12	25	3		20	3	15	14	12	
B41	60			20							
B42	75		19			20	2	8			
合计	2 180.3	84	392	282	40	140	76	204	87	36	1

1.4.2　利用已有资料工作量

本次勘察利用了《某市万科城 3 号地 B 区及商业标段地下车库岩土工程勘察报告》(2011 年 10 月)中的部分钻孔资料。利用已有工作量如下:

(1)钻孔 56 个,孔深为 15.00~75.20 m,合计进尺 3 146.85 m;

(2)探井 10 个,井深均为 12.00 m,合计进尺 120.00 m;

(3)标准贯入试验 246 次;

(4)剪切波速试验孔 3 个,测深均为 20 m,合计测点 60 个;

(5)常规土工试验 551 件,黄土湿陷性试验 278 件,自重湿陷性试验 128 件,湿陷起始压力试验 92 件,直剪(固结快剪)试验 47 件,颗粒分析试验 61 件,水的腐蚀性测试 3 组,土的腐蚀性测试 3 件;

利用工作量统计详见附表 3。

附表 3　利用勘察工作量统计表

勘探点编号	钻探深度/m	探井深度/m	常规试验/件	标准贯入/次	直接剪切/件	剪切波速/m	颗粒分析/件	黄土湿陷/件	自重湿陷/件	湿陷起始压力/件	水腐蚀/组	土腐蚀/件
1	15											
2	15			7								
3	75.2	12	26	3			3	14	12	12	1	
4	60			19								
5	75.2		20	5	6		4	9				1
6	60											
7	60											
8	75		21	3		20	2	9				
9	60			20								
10	75	12	26	5			4	15	12	12		
11	15			7								
12	60											
13	75		20	3			3	8				
14	60			20								
15	75	12	24	5	5		4	13	10			
16	75		19	4			3	8				
17	60			19								
18	75		20	4			3	8				
19	60											
22	15											
23	20	12	14	2				14	12	12		1
24	15			6								
27	15			9								
28	15											
29	75		18	5	6		5	7				
31	60											
32	75.2		23	2			2	6				
33	60											
34	75		22	2			2	6				
35	60											
37	20		8	2			2	8				

续表

勘探点编号	钻探深度/m	探井深度/m	常规试验/件	标准贯入/次	直接剪切/件	剪切波速/m	颗粒分析/件	黄土湿陷/件	自重湿陷/件	湿陷起始压力/件	水腐蚀/组	土腐蚀/件
39	75	12	25	4			4	13	12	12	1	
40	60			19								
41	75	12	27	2			2	13	13	12		
42	60											
43	75		21	2	6		2	7				
47	75		18	2			4	8	8	8		
48	60			20								
55	60											
55	60											
56	75.2		21	2	6		2	8				
59	15											
61	75.2	12	26	1			1	13	11			
62	60			17								
63	75.2		22	1	6		1	9				1
64	75.2		20	2			2	9				
65	60											
66	75		21	2	6		2	9				
67	60											
68	75		22	2		20	2	10			1	
69	60											
70	20	12	16					16	12	12		
71	60			14								
72	75	12	27	2			2	15	12	12		
76	75					20					1	
J14	20		10					9				
J24	20.45	12	14	2	6			14	14			
合计	3146.85	120	551	246	47	60	61	278	128	92	3	3

现场钻探、取样及原位测试工作由某院钻探公司负责,于 2012 年 6 月、8 月间分两次完成。钻探在地下水位以上采用螺纹钻旋转钻进,薄壁取土器静压取土,在地下水位以下采用岩芯管回转钻进,单动双重管取样器取土。探井开挖由某院勘察公司组织完成,人工刻壁采取土样,试样质量等级为Ⅰ级。波速测试由某院勘察公司组织

完成。室内土工试验由某院试验中心承担并于 2012 年 8 月 9 日提供正式报告,液限测定采用 76 g 圆锥仪法。

勘探点测放以建设方提供的 1、2 及 3 号点为依据,其坐标和高程分别为 1 号点: X=−1 522.277,Y=7 501.317,H=430.433 m;2 号点:X=−1 522.321,Y=7 385.130, H=432.245 m;3 号点:X=−1 522.551,Y=7 233.914,H=431.791 m;坐标系属某市任意面直角坐标系,高程系属 1985 国家高程基准。勘探点的施放及高程测量由某院勘察公司组织采用全站仪完成。

2　场地岩土工程条件

2.1　场地位置及地形、地貌

拟建场地位于某市南郊韦郭路北侧,韦斗公路南侧,茅坡村西侧。场地地形略呈南高北低之势,东西向地势起伏较小,局部地段基坑部分已开挖。勘探点地面高程介于 429.60~435.31 m。

拟建场地地貌单元属二级洪积台地。

2.2　区域地质构造概况

某市位于渭河断陷盆地中段南部,区内主要发育东西向渭河南岸断裂、北东向长安—临潼断裂及北西向的灞河断裂、浐河断裂、皂河断裂、浐灞河断裂与沣河断裂。据某省地矿局《某地区区域地壳稳定性与地质灾害评价和研究》资料,上述断裂在秦岭山区皆有出露,进入平原区为隐伏断层,切割了东西向断层,多种迹象表明第四纪有活动。这些西北向断裂是地表水系发育的基础。渭河断裂和临潼-长安断裂是渭河断陷盆地中的主要发震断裂,它们对拟建场地的影响已在抗震设防烈度中给予了考虑。

2.3　地裂缝及不良地质作用

该市地裂缝是在其正断层组的基础上发育起来的,在临-长断裂以北、黄土梁洼之间有规律排列,呈带状分布。结合各种资料,综合判定,本次勘察场地内无地裂缝通过。可不考虑其对拟建建筑的影响。

场地内未发现其他不良地质作用及地质灾害,场地稳定,适宜建筑。

2.4　地层结构及描述

根据现场钻探描述、土工试验及原位测试结果,将勘探深度范围内地层划分为 12 层,具体地层自上而下分层描述如下:

填土 Q_4^{ml} ①:该层包括素填土和杂填土。素填土:黄褐色,稍湿—湿,土质不均,以粉质黏土为主,含砖渣、灰渣等。杂填土,杂色,以建筑垃圾及生活垃圾为主,粉质黏土充填。该层一般厚度为 $0.20\sim5.40$ m,层底高程为 $428.23\sim433.98$ m。

黑垆土 Q_4^d ②:褐色,可塑—硬塑,稍湿—湿。孔隙发育,含白色钙质条纹。湿陷系数平均值 $\bar{\delta}_s=0.038$,湿陷性中等,局部湿陷性强烈。压缩系数平均值 $\bar{a}_{1-2}=0.46$ MPa^{-1},属中偏高压缩性土,大部分为高压缩性土。该层分布不连续。该层层厚 $0.50\sim2.10$ m,层底深度 $0.90\sim4.20$ m,层底高程 $429.52\sim432.78$ m。

黄土(粉质黏土) Q_3^{eol} ③:黄褐—褐黄色,可塑,局部软塑,稍湿—湿。针状孔隙及大孔发育,偶见蜗牛壳。湿陷系数平均值 $\bar{\delta}_s=0.041$,湿陷性中等,局部湿陷性强烈。压缩系数平均值 $\bar{a}_{1-2}=0.66$ MPa^{-1},属高压缩性土。该层层厚 $1.10\sim5.40$ m,层底深度 $2.00\sim8.00$ m,层底高程 $424.70\sim429.42$ m。

黄土(粉质黏土) Q_3^{eol} ④:黄褐—褐黄色,可塑—硬塑,稍湿—湿。针状孔隙及大孔发育,偶见蜗牛壳。湿陷系数平均值 $\bar{\delta}_s=0.028$,湿陷性轻微,局部湿陷性中等。压缩系数平均值 $\bar{a}_{1-2}=0.19$ MPa^{-1},属中压缩性土。该层层厚 $1.90\sim5.80$ m,层底深度 $6.30\sim12.30$ m,层底高程 $421.51\sim425.15$ m。

古土壤(粉质黏土) Q_3^d ⑤:棕红色,坚硬,局部硬塑,稍湿。具团块状结构,含白色钙质条纹,底部钙质结核局部富集成层(厚度约 0.2 m)。局部具轻微湿陷性。压缩系数平均值 $\bar{a}_{1-2}=0.16$ MPa^{-1},属中压缩性土。该层层厚 $2.90\sim5.40$ m,层底深度 $10.60\sim15.70$ m,层底高程 $417.11\sim421.42$ m。

粉质黏土 Q_3^d ⑥:黄褐—褐黄色,可塑—硬塑,湿。含铁锰质斑点及钙质结核。压缩系数平均值 $\bar{a}_{1-2}=0.19$ MPa^{-1},属中压缩性土。该层层厚 $0.90\sim6.60$ m,层底深度 $13.20\sim21.40$ m,层底高程 $412.12\sim418.16$ m。

粉质黏土 Q_3^d ⑦:黄褐色,可塑,饱和。含铁锰质斑点及钙质结核。局部夹有细中砂⑦$_1$(黄灰色,密实,砂质纯净,级配不良,矿物成分以长石、石英为主,见云母,实测标准贯入试验锤击数平均值为 40 击)、粗砂及粉土薄层或透镜体。压缩系数平均值 $\bar{a}_{1-2}=0.27$ MPa^{-1},属中压缩性土。该层层厚 $3.80\sim11.00$ m,层底深度 $20.00\sim29.40$ m,层底高程 $403.45\sim410.62$ m。

粉质黏土 Q_3^d ⑧:黄褐色,可塑,饱和。含铁锰质斑点及钙质结核,局部夹有细中砂⑧$_1$(黄灰色,密实,砂质纯净,矿物成分以长石、石英为主,见云母,实测标准贯入试验锤击数平均值为 53 击)及粗砂、砾砂薄层或透镜体。压缩系数平均值 $\bar{a}_{1-2}=0.26$ MPa^{-1},属中压缩性土。该层层厚 $2.90\sim9.60$ m,层底深度 $25.70\sim37.50$ m,层底高程 $395.47\sim406.85$ m。

粉质黏土 Q_3^d ⑨:黄褐色,可塑,饱和。含铁锰质斑点。局部夹细中砂薄层或透镜体⑨$_1$(黄灰色,密实,砂质纯净,矿物成分以长石、石英为主,见云母,实测标准贯入试验锤击数平均值为 68 击)。压缩系数平均值 $\bar{a}_{1-2} = 0.26 \, \text{MPa}^{-1}$,属中压缩性土。该层层厚 4.90～15.50 m,层底深度 37.50～45.00 m,层底高程 389.20～394.52 m。

粉质黏土 Q_2^{al} ⑩:浅灰—灰色,可塑,饱和。含铁锰质斑点。压缩系数平均值 $\bar{a}_{1-2}$ $= 0.25 \, \text{MPa}^{-1}$,属中压缩性土。该层层厚 6.50～13.70 m,层底深度 46.40～55.60 m,层底高程 377.89～384.58 m。

粉质黏土 Q_2^{al} ⑪:灰黄～黄褐色,可塑,饱和。含铁锰质斑点。压缩系数平均值 $\bar{a}_{1-2} = 0.26 \, \text{MPa}^{-1}$,属中压缩性土。该层层厚 6.60～12.50 m,层底深度 57.50～65.70 m,层底高程 368.59～374.82 m。

粉质黏土 Q_2^{al} ⑫:灰黄～黄褐色,可塑,饱和。含铁锰质斑点。压缩系数平均值 $\bar{a}_{1-2} = 0.26 \, \text{MPa}^{-1}$,属中压缩性土。本次勘察未钻穿该层,最大揭露厚度 17.20 m,最大钻探深度 75.20 m,最低钻至高程 354.50 m。

2.5　地下水

当年 9—10 月勘察期间,实测地下水稳定水位埋深为 14.50～19.80 m,相应的水位标高为 412.80～416.47 m。6～8 月勘察期间,实测地下水稳定水位埋深为 15.50～19.70 m,相应的水位标高为 412.82～416.92 m。属潜水类型。

根据某市地下潜水动态观测资料的一般变化规律,本次勘察期间(6～8 月),地下水位接近年低水位期水位,拟建场地地下潜水位年变化幅度可按 2 m 左右考虑。

3　地基土工程性质测试

3.1　地基土物理力学性质试验

3.1.1　常规物理力学性质指标试验

为查明地基土的一般物理力学性质,本次勘察采取 392 件不扰动土试样进行了室内常规物理力学性质指标测试,结合利用的试验资料。指标分层统计结果见附表 4。

附表 4(1)　地基土常规物理力学性质指标统计表

层名及层号	值别	含水率 w/%	重度 γ/(kN/m³)	干重度 γ_d/(kN/m³)	饱和度 S_r/%	孔隙比 e	液限 w_L/%	塑限 w_P/%	塑性指数 I_P	液性指数 I_L	湿陷系数 δ/s	压缩系数 a_{1-2}/MPa^{-1}	压缩模量 E_{s1-2}/MPa	压缩模量 E_{s2-3}/MPa	压缩模量 E_{s3-4}/MPa	压缩模量 E_{s4-5}/MPa	压缩模量 E_{s5-6}/MPa	压缩模量 E_{s6-7}/MPa	压缩模量 E_{s7-8}/MPa
① 素填土	最大值	22.4	19.1	16.0	81	1.139	31.5	19.0	12.5	0.36	0.079	0.60	11.4						
	最小值	18.2	15.0	12.7	44	0.703	29.8	18.2	11.6	<0	0.001	0.15	3.3						
	平均值	20.1	17.1	14.2	61	0.922	30.6	18.6	12.0	0.13	0.028	0.35	6.7	4.0	5.2				
	标准差	1.62	1.64	1.23	14.5	0.1672	0.56	0.27	0.30	0.153	0.0299	0.181	2.93						
	变异系数	0.08	0.10	0.09	0.24	0.18	0.02	0.01	0.02			0.52	0.43						
	统计频数	7	7	7	7	7	7	7	7	7	7	7	7	1	1				
② 黑垆土	最大值	22.2	18.2	15.3	69	1.138	32.9	19.7	13.2	0.41	0.084	0.96	11.0						
	最小值	17.0	15.2	12.7	47	0.777	28.5	17.6	10.9	<0	0.006	0.16	1.9						
	平均值	19.9	16.7	13.9	58	0.963	30.4	18.5	11.9	0.12	0.038	0.46	5.1						
	标准差	1.41	0.83	0.77	6.9	0.1079	1.27	0.61	0.66	0.155	0.0227	0.241	2.73						
	变异系数	0.07	0.05	0.06	0.12	0.11	0.04	0.03	0.06			0.53	0.54						
	统计频数	7	18	18	18	18	18	18	18	17	17	17	17						
③ 黄土	最大值	28.9	17.5	14.4	73	1.348	31.3	19.0	12.4	0.94	0.087	1.66	10.1	8.0	7.6	7.6	9.1		
	最小值	16.5	14.0	11.3	39	0.882	28.5	17.6	10.9	<0	0.001	0.12	1.1	1.8	2.6	3.0	3.6		
	平均值	23.1	15.7	12.8	56	1.126	29.9	18.3	11.6	0.42	0.041	0.66	4.3	3.7	3.7	4.4	5.5		
	标准差	3.15	0.75	0.69	7.2	0.1124	0.63	0.31	0.35	0.263	0.0197	0.426	2.50	1.61	1.01	0.89	1.26		
	变异系数	0.14	0.05	0.05	0.13	0.10	0.02	0.02	0.03			0.64	0.58	0.43	0.27	0.20	0.23		
	统计频数	125	119	122	121	122	120	121	123	125	124	124	123	44	44	37	30		

续表

层名及层号	值别	含水率 w/%	重度 γ/(kN/m³)	干重度 γ_d/(kN/m³)	饱和度 S_r/%	孔隙比 e	液限 w_L/%	塑限 w_P/%	塑性指数 I_P	液性指数 I_L	湿陷系数 δ_s/s	压缩系数 a_{1-2}/MPa^{-1}	压缩模量 E_{s1-2}/MPa	压缩模量 E_{s2-3}/MPa	压缩模量 E_{s3-4}/MPa	压缩模量 E_{s4-5}/MPa	压缩模量 E_{s5-6}/MPa	压缩模量 E_{s6-7}/MPa	压缩模量 E_{s7-8}/MPa
④ 黄土	最大值	25.2	18.7	15.6	76	1.080	32.2	19.2	12.8	0.54	0.068	0.44	16.5	18.8	18.9	18.7	18.5	26.6	
	最小值	16.3	15.9	13.0	51	0.723	28.6	17.6	11.0	<0	0.001	0.10	4.5	1.9	2.8	3.9	4.7	6.3	
	平均值	20.5	17.4	14.4	63	0.890	30.3	18.4	11.9	0.17	0.028	0.19	10.4	10.0	9.4	8.5	9.5	17.2	
	标准差	1.98	0.59	0.58	6.1	0.0751	0.82	0.40	0.43	0.168	0.0139	0.061	2.50	3.81	4.45	3.68	3.72	8.01	
	变异系数	0.10	0.03	0.04	0.10	0.08	0.03	0.02	0.04	0.32		0.32	0.24	0.38	0.47	0.43	0.39	0.46	
	统计频数	133	129	134	134	133	134	135	134	133	133	135	130	116	119	102	85	8	
⑤ 古土壤	最大值	22.8	19.8	17.0	81	0.921	33.6	20.1	13.5	0.32	0.036	0.26	17.8	21.3	24.7	28.0	28.9	32.6	
	最小值	15.7	17.3	14.2	62	0.602	30.2	18.4	11.9	<0	0.000	0.08	6.1	6.0	3.7	3.7	4.5	8.4	
	平均值	19.1	18.6	15.6	70	0.746	31.9	19.2	12.7	<0	0.013	0.16	11.4	13.3	14.0	14.8	16.4	18.7	
	标准差	1.41	0.63	0.65	4.7	0.0732	0.65	0.33	0.32	0.119	0.0112	0.040	2.40	3.46	4.84	5.63	5.74	6.15	
	变异系数	0.07	0.03	0.04	0.07	0.10	0.02	0.02	0.02			0.26	0.21	0.26	0.35	0.38	0.35	0.33	
	统计频数	111	111	112	107	112	105	105	104	111	113	113	106	101	94	94	80	58	
⑥ 粉质粘土	最大值	25.3	20.0	16.6	89	0.908	32.9	19.7	13.2	0.57	0.013	0.26	14.4	17.3	19.2	21.1	24.1	25.1	29.3
	最小值	17.0	17.3	14.2	59	0.631	28.3	17.5	10.8	<0	0.000	0.10	6.2	6.1	6.0	6.6	8.2	9.7	11.4
	平均值	21.2	18.6	15.4	74	0.767	30.6	18.6	12.0	0.21	0.004	0.19	9.5	11.1	12.0	13.9	16.0	18.3	20.6
	标准差	2.01	0.64	0.57	7.4	0.0675	0.88	0.43	0.46	0.155	0.0036	0.042	2.03	2.46	3.16	3.59	3.80	3.87	5.21
	变异系数	0.10	0.03	0.04	0.10	0.09	0.03	0.02	0.04		0.85	0.22	0.21	0.22	0.26	0.26	0.24	0.21	0.25
	统计频数	84	86	87	86	88	85	85	85	84	70	86	85	86	73	73	69	60	18

附表 4(2)　地基土常规物理力学性质指标统计表

层名及层号	值别	含水率 w/%	重度 γ/kN/m³	干重度 γ_a/kN/m³	饱和度 S_r/%	孔隙比 e	液限 w_L/%	塑限 w_P/%	塑性指数 I_P	液性指数 I_L	湿陷系数 δ/s	压缩系数 a_{1-2}/MPa⁻¹	压缩模量 E_{s1-2}/MPa	压缩模量 E_{s2-3}/MPa	压缩模量 E_{s3-4}/MPa	压缩模量 E_{s4-5}/MPa	压缩模量 E_{s5-6}/MPa	压缩模量 E_{s6-7}/MPa	压缩模量 E_{s7-8}/MPa	压缩模量 E_{s8-9}/MPa	压缩模量 E_{s9-10}/MPa	压缩模量 E_{s10-11}/MPa	压缩模量 E_{s11-12}/MPa	压缩模量 E_{s12-13}/MPa	压缩模量 E_{s13-14}/MPa
⑦粉质粘土	最大值	30.0	20.5	16.7	100	0.855	34.8	20.7	14.1	0.80	0.008	0.38	9.4	11.1	13.5	16.2	18.8	21.9	24.2	24.6					
	最小值	21.0	18.6	14.5	83	0.615	29.8	18.2	11.6	0.12	0.000	0.18	4.1	5.4	6.7	8.2	10.9	13.3	14.5	17.1					
	平均值	25.5	19.6	15.6	93	0.736	32.5	19.5	13.0	0.44	0.003	0.27	6.6	8.0	9.8	11.9	14.5	17.1	19.2	21.2	27.5				
	标准差	2.18	0.41	0.54	3.7	0.0588	1.14	0.57	0.57	0.151	0.0033	0.049	1.18	1.23	1.41	1.66	1.76	1.84	1.98	2.07					
	变异系数	0.09	0.02	0.03	0.04	0.08	0.03	0.03	0.04			0.18	0.18	0.15	0.14	0.14	0.12	0.11	0.10	0.10					
	统计频数	85	88	87	87	86	84	84	84	84	6	84	86	85	82	82	82	76	71	22	1				
⑦层中的粉土	单值	18.5	20.2	17.0	86	0.584	25.1	15.9	9.2	0.28		0.14	11.3	14.4	17.6	22.6	26.4	31.7	31.7	39.6					
	统计频数	1	1	1	1	1	1	1	1	1		1	1	1	1	1	1	1	1	1	1				
⑧粉质粘土	最大值	29.1	20.5	16.3	98	0.848	36.4	21.4	15.0	0.70		0.31	7.3	8.8	11.1	13.9	17.8	20.0	22.9	26.7					
	最小值	21.2	19.0	14.7	90	0.670	31.7	19.1	11.6	0.13		0.18	4.9	6.4	8.1	9.9	11.9	15.8	16.2	17.8					
	平均值	25.4	19.7	15.6	94	0.750	33.9	20.2	13.5	0.40		0.26	6.5	8.0	9.8	12.1	15.0	17.8	19.5	21.7					
	标准差	2.21	0.45	0.51	2.3	0.0565	1.55	0.76	0.97	0.186		0.037	0.67	0.67	0.88	1.20	1.62	1.49	2.21	3.14					
	变异系数	0.09	0.02	0.03	0.03	0.08	0.05	0.04	0.07			0.14	0.10	0.08	0.09	0.10	0.11	0.08	0.11	0.14					
	统计频数	12	12	11	12	11	11	11	12	12		11	11	11	11	11	12	11	10	8					
⑨粉质粘土	最大值	29.8	20.5	17.0	99	0.846	36.4	21.4	15.0	0.71		0.37	9.0	11.1	13.9	16.8	18.7	21.0	24.0	28.0	33.4				
	最小值	20.2	19.1	14.7	89	0.591	30.9	18.7	12.2	<0		0.16	4.5	5.8	7.1	9.0	10.6	12.9	15.1	16.8	18.5				
	平均值	24.8	19.8	15.9	94	0.714	33.8	20.2	13.6	0.34		0.26	6.7	8.4	10.3	12.7	14.9	17.2	19.5	22.1	25.2	29.2			
	标准差	2.34	0.35	0.56	2.5	0.0600	1.31	0.65	0.66	0.193		0.048	1.05	1.33	1.75	2.04	2.07	1.98	2.21	2.82	3.88				
	变异系数	0.09	0.02	0.04	0.03	0.08	0.04	0.03	0.05			0.19	0.16	0.16	0.17	0.16	0.14	0.11	0.11	0.13	0.15				
	统计频数	103	103	104	103	103	105	105	105	104		102	103	104	106	105	103	103	100	95	60	1			

续表

层名及层号	值别	含水率 w/%	重度 γ/kN/m³	干重度 γ_d/(kN/m³)	饱和度 S_r/%	孔隙比 e	液限 w_L/%	塑限 w_P/%	塑性指数 I_P	液性指数 I_L	固陷系数 δ/s	压缩系数 a_{1-2}/MPa⁻¹	压缩模量 E_{s1-2}/MPa	压缩模量 E_{s2-3}/MPa	压缩模量 E_{s3-4}/MPa	压缩模量 E_{s4-5}/MPa	压缩模量 E_{s5-6}/MPa	压缩模量 E_{s6-7}/MPa	压缩模量 E_{s7-8}/MPa	压缩模量 E_{s8-9}/MPa	压缩模量 E_{s9-10}/MPa	压缩模量 E_{s10-11}/MPa	压缩模量 E_{s11-12}/MPa	压缩模量 E_{s12-13}/MPa	压缩模量 E_{s13-14}/MPa
⑩ 粉质粘土	最大值	28.6	20.5	17.0	99	0.828	38.0	22.2	15.8	0.67		0.34	8.6	11.2	14.0	16.7	18.9	21.3	24.3	28.1	34.0	42.6			
	最小值	20.3	19.2	14.9	89	0.606	31.3	18.9	12.4	<0		0.18	5.2	6.4	7.6	9.5	11.7	14.3	16.4	18.0	20.7	23.3			
	平均值	24.3	19.9	16.0	94	0.703	34.7	20.6	14.1	0.27		0.25	6.8	8.5	10.5	12.8	15.3	17.6	19.9	22.3	26.3	30.3			
	标准差	2.00	0.30	0.49	2.6	0.0499	1.53	0.75	0.79	0.171		0.040	0.81	1.19	1.62	1.83	1.84	1.81	2.04	2.60	3.69	5.51			
	变异系数	0.08	0.02	0.03	0.03	0.07	0.04	0.04	0.06			0.16	0.12	0.14	0.15	0.14	0.12	0.10	0.10	0.12	0.14	0.18			
	统计频数	89	85	89	89	87	88	88	88	87		89	84	88	90	89	90	90	90	85	76	54			
⑪ 粉质粘土	最大值	28.6	20.5	16.9	100	0.821	37.1	21.8	15.3	0.73		0.35	9.0	10.8	13.6	16.3	18.5	21.3	23.7	27.7	33.2	41.5	44.2		
	最小值	21.3	19.2	15.0	89	0.609	30.1	18.7	11.8	<0		0.17	4.9	6.2	7.4	8.9	11.4	13.7	16.2	17.8	19.7	22.2	25.4		
	平均值	24.8	19.8	15.9	95	0.714	33.6	20.1	13.5	0.34		0.26	6.7	8.3	10.3	12.6	15.1	17.6	19.7	22.4	25.8	30.6	34.9	43.3	
	标准差	2.15	0.34	0.51	2.8	0.0554	1.67	0.80	0.84	0.190		0.049	1.07	1.16	1.65	1.87	1.86	1.91	2.12	2.72	3.74	5.44	5.65		
	变异系数	0.09	0.02	0.03	0.03	0.08	0.05	0.04	0.06			0.19	0.16	0.14	0.16	0.15	0.12	0.11	0.11	0.12	0.14	0.18	0.16		
	统计频数	67	67	67	67	67	65	64	65	66		66	66	64	67	67	67	67	67	67	67	65	46	1	
⑫ 粉质粘土	最大值	29.4	20.5	17.0	99	0.834	36.4	21.4	15.0	0.70		0.36	9.4	11.7	13.9	16.7	18.5	20.9	23.8	27.8	33.4	41.7	55.6	56.9	58.6
	最小值	19.8	19.2	14.8	89	0.599	30.9	18.7	12.2	<0		0.16	4.6	5.8	7.0	9.1	11.4	14.0	16.5	17.5	19.5	21.9	25.0	29.2	37.2
	平均值	24.7	19.8	15.9	94	0.713	33.6	20.1	13.5	0.34		0.26	6.7	8.3	10.3	12.6	15.0	17.4	19.7	22.3	25.7	30.7	37.1	43.2	51.0
	标准差	2.43	0.34	0.56	2.7	0.0592	1.35	0.66	0.69	0.212		0.051	1.09	1.28	1.64	1.91	1.96	1.89	2.05	2.73	3.79	5.67	8.38	8.28	6.89
	变异系数	0.10	0.02	0.04	0.03	0.08	0.04	0.03	0.05			0.20	0.16	0.15	0.16	0.15	0.13	0.11	0.10	0.12	0.15	0.18	0.23	0.19	0.14
	统计频数	115	111	113	110	113	112	112	112	114		112	110	109	109	110	110	110	110	111	112	115	112	91	28

3.1.2 直剪(固结快剪)试验

为提供基坑开挖支护设计所需有关土层的抗剪强度参数,本次勘察采取不扰动土试样 40 件进行了直剪(固结快剪)试验,结合利用的试验资料,试验指标黏聚力 c 和内摩擦角 φ 的分层统计结果见附表 5。

附表 5   直剪(固结快剪)试验成果统计表

土层	黏聚力 c/kPa							内摩擦角 φ/°						
	范围值	平均值	标准差	变异系数	标准值	统计频数	建议值	范围值	平均值	标准值	变异系数	标准值	统计频数	建议值
①							12							12.0
②	15.0~31.0	23.3	5.32	0.23	18.9	6	20	19.6~24.6	22.7	1.89	0.08	21.1	6	21.0
③	12.0~28.0	20.8	4.65	0.22	19.2	25	17	21.1~25.1	23.4	1.21	0.05	23.0	25	22.0
④	17.0~38.0	28.8	4.86	0.17	27.3	29	24	22.8~25.6	24.2	0.66	0.03	24.0	29	24.0
⑤	23.0~45.0	36.5	5.86	0.16	34.5	26	30	21.7~25.3	23.4	0.96	0.04	23.1	28	23.5

3.1.3 自重湿陷性试验及湿陷起始压力试验

为查明黄土场地湿陷类型及地基土的湿陷起始压力,本次勘察进行了自重湿陷性试验和双线法湿陷起始压力试验,结合利用的试验资料。各层地基土湿陷起始压力 p_{sh} 统计结果见附表 6,湿陷起始压力 p_{sh} 随标高 H 变化曲线见附图 1。

附表 6   湿陷起始压力统计表

层号及层名	湿陷起始压力 p_{sh}/kPa					
	最大值	最小值	平均值	标准差	变异系数	统计频数
②黑垆土	>200		100	55.8	0.56	9
③黄土	>200	41	97	41.5	0.43	38
④黄十	395	20	210	92.0	0.44	40
⑤古土壤	>500	189	374	117.3	0.31	30

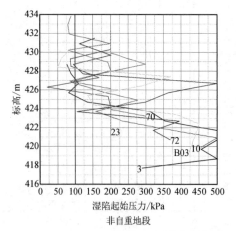
非自重地段

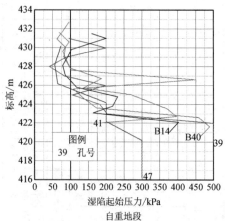
自重地段

附图 1   湿陷起始压力 P_{sh} 随标高 H 的变化曲线

3.1.4　颗粒分析试验

为了解砂类土的颗粒级配并对其进行准确定名,本次勘察进行了颗粒分析试验,结合利用的试验资料,试验指标分层统计结果见附表7。

附表7　颗粒分析试验成果(累计百分含量)统计表

土层	值别	粒径/mm						不均匀系数	曲率系数	平均粒径/mm
		<5	<2	<1	<0.5	<0.25	<0.075			
⑦₁ 细中砂	最大值		100	100	100	77	10	4.38	1.03	0.3
	最小值		100	92	58	21	4			
	平均值		100	99	80	41	7			
	标准差			2.1	11.3	17.7	1.4			
	变异系数			0.02	0.14	0.43	0.21			
	统计频数		53	53	54	56	54			
⑧₁ 细中砂	最大值		100	100	79	45	9	4.33	1.14	0.3
	最小值		100	91	63	20	4			
	平均值		100	98	73	33	7			
	标准差			2.8	4.8	4.7	1.1			
	变异系数			0.03	0.07	0.14	0.17			
	统计频数		48	49	48	48	47			
⑧层中的砾砂	最大值	100	75	53	27	16	8	11.8	1.59	1.4
	最小值	81	52	28	21	11	4			
	平均值	89	64	40	24	13	6			
	统计频数	4	4	4	4	4	4			
⑧层中的粗砂	最大值	100	100	77	48	28	8	7.60	1.52	0.6
	最小值	100	85	72	32	17	5			
	平均值	100	94	74	40	22	7			
	标准差		6.8	2.3	5.3	3.8	1.2			
	变异系数		0.07	0.03	0.13	0.17	0.18			
	统计频数	6	7	6	7	7	7			
⑨₁ 细中砂	最大值		100	100	85	41	9	4.22	1.17	0.3
	最小值		100	89	57	26	5			
	平均值		100	98	74	32	7			
	标准差			3.6	6.7	4.9	1.4			
	变异系数			0.04	0.09	0.15	0.21			
	统计频数		13	14	14	14	14			

3.1.5 地下水、地基土的腐蚀性试验

为了解地下水及地基土对建筑材料的腐蚀性,本次勘察在钻孔内取水样1组,室内进行了水的腐蚀性试验。

3.2 原位测试

3.2.1 标准贯入试验

为评价地基土的密实度及均匀性,本次勘查现场共进行了标准贯入试验282次,结合利用的标准贯入试验资料,主要岩土层试验指标分层统计结果列于附表8。

附表8　标准贯入试验结果统计表

值别 土名及层号	标贯实测击数(击)					
	最大值	最小值	平均值/单值	标准差	变异系数	统计频数
②黑垆土	8	4	6	1.6	0.27	10
③黄土	9	4	6	1.4	0.22	43
④黄土	13	4	8	2.2	0.27	53
⑤古土壤	18	10	14	1.5	0.11	44
⑥粉质黏土	20	7	12	2.4	0.19	39
⑥层中的细中砂			39			1
⑦粉质黏土	23	9	15	2.8	0.19	34
⑦₁细中砂	54	16	35	8.4	0.24	78
⑧粉质黏土	28	16	24			4
⑧₁细中砂	68	34	51	8.7	0.17	73
⑧层中的砾砂	63	45	55			4
⑧层中的粗砂	68	48	59	7.9	0.14	6
⑨粉质黏土	31	17	24	3.2	0.13	50
⑨₁细中砂	83	49	68	10.1	0.15	15
⑩粉质黏土	31	22	26	2.4	0.09	31
11 粉质黏土	32	26	28	1.9	0.07	17

3.2.2 波速测试

本次勘察在 B07♯、B12♯、B20♯、B23♯、B38♯、B40♯、B42♯钻孔中采用单孔检层法进行了剪切波速测试,各层地基土的剪切波速统计结果见附表9。

附表 9　剪切波速测试结果统计表

土名及层号 孔号	填土①	黑垆土②	黄土③	黄土④	古土壤⑤	粉质 黏土⑥	粉质 黏土⑦	20 m 深度等效 剪切波速(m/s)
8	164	170	208	284	319	363	377	271.1
68	172		261	301	347	373	378	281.1
76	160	152	202	274	337	375	381	265.7
B07	165	165	183	238	318	345	380	269.9
B12	159	152	238	295	334	357	377	281.1
B20	160	157	202	271	340	375	381	267.1
B23	176		211	306	325	354	373	267.7
B38	153		189	258	322	357	379	263.4
B40	161	156	205	265	337	373	376	266.5
B42	170		244	297	344	379	387	262.6
平均值	164	159	214	279	332	365	379	

4　场地地震效应

4.1　建筑场地类别

根据本次勘察完成的剪切波速测试资料及利用"原报告"的钻孔的剪切波速测试资料,现地面下 20 m 深度范围内土层等效剪切波速均介于 250～500 m/s 之间,场地覆盖层厚度大于 5 m,按《建筑抗震设计规范》(GB 50011—2016)有关规定判定,拟建场地建筑场地类别属Ⅱ类。

4.2　抗震设防烈度,设计基本地震加速度,设计地震分组

根据《建筑抗震设计规范》(GB50011—2016)附录 A,拟建场地所处地段抗震设防烈度为 7 度,设计基本地震加速度值为 0.15 g,设计地震分组属第一组,特征周期为 0.35 s。

4.3　地基土地震液化评价

根据《建筑抗震设计规范》(GB50011—2016)规定,地质年代为第四纪晚更新世(q_3)的饱和砂土,7、8 度时可判定为不液化。因此该场地可不考虑地基土地震液化问题。

4.4　抗震地段的划分

根据《建筑抗震设计规范》(GB 50011—2016),拟建场地属可进行建设的一般场地。

5 场地岩土工程评价

5.1 黄土的湿陷性评价

5.1.1 场地湿陷类型

根据本次勘察的自重湿陷性试验结果,结合利用"原报告"的自重湿陷性试验结果,按《湿陷性黄土地区建筑标准》(GB50025—2018)的有关规定,分别计算某市万科城 3 号地 B 区自重湿陷量,所得自重湿陷量的计算值见附表 10。

附表 10   自重湿陷量的计算值及场地湿陷类型评价结果一览表

值别 勘探点号	计算起止深度/m	自重湿陷量计算值/mm	湿陷类型
3#	—	—	—
10#	4.45～5.80	19	非自重
J24#	4.50～7.40	71	自重
15#	—	—	—
20#	4.50～5.80	21	非自重
23#	4.40～5.80	21	非自重
39#	3.50～7.50	65	非自重
41#	4.20～14.30	103	自重
47#	3.00～6.20	78	自重
61#	3.60～9.30	30	非自重
70#	4.35～8.40	58	非自重
72#	8.50～9.50	33	非自重
74#	3.40～10.20	103	自重
B03#	2.50～4.00	21	非自重
B14#	2.70～10.40	210	自重
B18#	0.30～5.35	83	自重
B29#	4.50～9.50	48	非自重
B36#	8.50～9.90	19	非自重
B38#	2.50～8.50	153	自重
B40#	6.50～8.50	42	非自重

根据附表 10 计算结果,万科城 3 号地 B 区 20 个勘探点中的自重湿陷量计算值,有 7 个大于 70 mm,13 个小于 70 mm,根据其分布的大致规律,建议 6#、10#、11#、12#楼及附近地下车库场地按自重湿陷性黄土场地对待,其余建筑地段场地按非自重湿陷性黄土场地对待。

5.1.2 地基湿陷等级

利用已有资料,结合本次勘察的黄土的湿陷性试验结果,计算万科城 3 号地 B 区地基湿陷量。按《湿陷性黄土地区建筑标准》(GB50025—2018)的有关规定,地基湿陷量计算值从基底起算,自重湿陷场地地段累计至非湿陷土层顶面止,非自重湿陷场地地段累计至 10 m 内非湿陷性土层顶面止,计算所得湿陷量的计算值详见附表 11。

附表 11 湿陷量的计算值 Δs 及地基湿陷等级一览表

建筑物及编号	设计室内地坪标高/m	基础埋深/m	假定基底标高/m	勘探点号	计算起讫深度/m	湿陷量计算值 Δs/mm	湿陷等级	建议的湿陷等级
6#楼（位于自重区）	434.50	6.3	428.20	32	2.77～11.70	320	Ⅱ级	Ⅱ级（中等）
				34	6.20～11.00	177	Ⅱ级	
				B12	4.82～9.10	149	Ⅱ级	
				B14	4.59～13.80	517	Ⅱ级	
7#楼（位于非自重区）	435.00	6.3	428.70	B23	5.46～14.30	355	Ⅱ级	Ⅱ级（中等）
				B25	4.66～11.00	368	Ⅱ级	
				B34	5.00～13.60	391	Ⅱ级	
				B36	5.20～13.40	370	Ⅱ级	
8#楼（位于非自重区）	435.30	6.3	429.00	61	5.45～11.50	210	Ⅰ级	Ⅱ级（中等）
				63	5.65～10.00	324	Ⅱ级	
				68	6.02～13.00	340	Ⅱ级	
9#楼（位于非自重区）	435.30	6.3	429.00	64	6.31～12.30	239	Ⅰ级	Ⅱ级（中等）
				66	4.27～9.50	181	Ⅰ级	
				72	3.69～13.69	314	Ⅱ级	
				B42	6.03～14.50	429	Ⅱ级	
10#楼（位于自重区）	435.30	6.3	429.00	B29	3.66～14.60	502	Ⅱ级	Ⅱ级（中等）
				B31	3.57～14.30	340	Ⅱ级	
				B40	3.61～13.00	547	Ⅱ级	
11#楼（位于自重区）	435.00	6.3	428.70	B27	4.10～11.10	357	Ⅱ级	Ⅱ级（中等）
				47	3.46～6.20	290	Ⅰ级	
				B38	3.20～13.25	570	Ⅱ级	
				56	4.08～11.10	1013	Ⅲ级	

建筑物及编号	设计室内地坪标高/m	基础埋深/m	假定基底标高/m	勘探点号	计算起讫深度/m	湿陷量计算值 Δs/mm	湿陷等级	建议的湿陷等级
12#楼（位于自重区）	434.65	6.3	428.35	B15	2.08～8.20	171	Ⅱ级	Ⅱ级（中等）
				37	4.26～6.00	98	Ⅱ级	
				B16	1.27～11.00	300	Ⅱ级	
				39	3.63～9.50	551	Ⅱ级	
				B18	1.58～9.50	308	Ⅱ级	
				B20	4.06～10.80	207	Ⅱ级	
13#楼（位于非自重区）	434.35	6.3	428.05	B03	3.35～12.90	314	Ⅱ级	Ⅱ级（中等）
				B05	5.00～11.60	201	Ⅰ级	
				B07	2.52～11.80	441	Ⅱ级	
				B09	4.28～14.20	406	Ⅱ级	
14#楼（位于非自重区）	434.10	6.3	427.80	13	4.07～9.50	257	Ⅰ级	Ⅱ级（中等）
				15	5.50～8.50	87	Ⅰ级	
				16	4.90～10.30	235	Ⅰ级	
				18	4.22～9.70	272	Ⅰ级	
				B02	4.61～14.61	403	Ⅱ级	
15#楼（位于非自重区）	433.70	6.3	427.40	3	2.30～12.30	246	Ⅰ级	Ⅱ级（中等）
				5	4.55～8.90	133	Ⅰ级	
				8	4.61～12.95	320	Ⅱ级	
				10	4.32～14.20	407	Ⅱ级	
15#商业裙房（位于非自重区）	433.70	1.0	432.70	J14	0.60～5.40	263	Ⅰ级	Ⅱ级（中等）
				3	0.00～10.00	280	Ⅰ级	
				5	1.50～8.90	218	Ⅰ级	
				8	1.50～9.80	414	Ⅱ级	
8#、9#间商业裙房（位于非自重区）	暂定为435.30	暂定为1.0	434.30	63	1.70～10.00	346	Ⅱ级	Ⅱ级（中等）
				64	3.40～11.00	235	Ⅰ级	
				70	1.10～8.40	342	Ⅱ级	
地下车库（位于非自重区）	433.60	4.5	429.10	5	2.85～8.90	173	Ⅰ级	Ⅱ级（中等）
				8	2.91～12.91	416	Ⅱ级	
				10	2.62～12.62	366	Ⅱ级	
				13	2.77～9.50	311	Ⅱ级	
				15	3.20～8.50	153	Ⅰ级	
				16	4.90～10.30	221	Ⅰ级	

建筑物及编号	设计室内地坪标高/m	基础埋深/m	假定基底标高/m	勘探点号	计算起讫深度/m	湿陷量计算值 Δs/mm	湿陷等级	建议的湿陷等级
地下车库（位于非自重区）	433.60	4.5	429.10	18	2.92～9.70	350	Ⅱ级	Ⅱ级（中等）
				23	4.19～8.60	163	Ⅰ级	
				61	5.35～11.50	212	Ⅰ级	
				63	5.55～10.00	327	Ⅱ级	
				64	6.21～12.30	240	Ⅰ级	
				66	4.17～9.50	186	Ⅰ级	
				68	5.92～13.00	351	Ⅱ级	
				72	3.59～13.59	313	Ⅱ级	
				J14	2.74～5.40	135	Ⅰ级	
				J24	3.00～7.40	359	Ⅱ级	
				B02	3.31～13.31	444	Ⅱ级	
				B03	2.30～12.30	371	Ⅱ级	
				B05	5.00～10.62	164	Ⅰ级	
				B07	1.47～11.47	511	Ⅱ级	
				B09	3.23～13.23	412	Ⅱ级	
				B23	5.06～14.30	376	Ⅱ级	
				B25	4.26～14.26	407	Ⅱ级	
				B34	4.60～13.60	433	Ⅱ级	
				B36	5.20～13.40	364	Ⅱ级	
				B42	5.93～15.93	476	Ⅱ级	
地下车库（位于自重区）	433.60	4.5	429.10	29	2.98～9.70	566	Ⅱ级	Ⅱ级（中等）
				32	1.87～11.70	348	Ⅱ级	
				34	4.20～11.00	202	Ⅱ级	
				37	3.51～6.00	137	Ⅱ级	
				39	2.88～9.50	599	Ⅱ级	
				41	4.62～14.30	434	Ⅱ级	
				43	3.90～11.00	324	Ⅱ级	
				47	3.06～6.20	334	Ⅱ级	
				56	3.68～11.10	1050	Ⅲ级	
				B12	3.92～14.00	227	Ⅱ级	
				B14	3.69～13.80	555	Ⅱ级	
				B15	1.33～8.20	189	Ⅱ级	
				B16	0.7～11.00	316	Ⅱ级	
				B18	0.83～9.50	360	Ⅱ级	
				B20	3.31～10.80	240	Ⅱ级	
				B21	3.79～5.10	125	Ⅱ级	

续表

建筑物及编号	设计室内地坪标高/m	基础埋深/m	假定基底标高/m	勘探点号	计算起讫深度/m	湿陷量计算值 Δs/mm	湿陷等级	建议的湿陷等级
地下车库（位于自重区）	433.60	4.5	429.10	B27	3.70～11.10	388	Ⅱ级	Ⅱ级（中等）
				B29	3.56～13.56	483	Ⅱ级	
				B31	3.47～14.30	342	Ⅱ级	
				B38	2.85～12.85	614	Ⅱ级	
				B40	3.51～13.51	565	Ⅱ级	

附表 11 结果表明，按各勘探点评价的拟建建筑物地基湿陷等级基本为Ⅰ级（轻微）～Ⅱ级（中等），建议各拟建建筑物地基湿陷等级均按Ⅱ级（中等）设防。

需要说明的是，当拟建建筑物基底标高与本报告不一致时，应重新计算地基湿陷量，并评价地基湿陷等级。

5.2　地下水、地基土的腐蚀性评价

根据《岩土工程勘察规范》（GB 50021—2001）（2009 年版），拟建场地环境类型属Ⅲ类，根据本次勘察完成的地下水腐蚀性试验结果，利用了已有的试验资料，按《岩土工程勘察规范》（GB 50021—2001）（2009 年版）的有关规定，本场地地下水和水位以上地基土对混凝土结构、钢筋混凝土结构中的钢筋均具微腐蚀性。

5.3　地基承载力特征值

根据室内土工试验、原位测试及场地周围已有勘察资料，综合分析确定的各层土地基承载力特征值 f_{ak} 建议按附表 12 采用。填土①层土质不均，未经处理不能直接用作基础持力层。

附表 12　地基土承载力特征值 f_{ak} 表

指标	层名及层号						
	黑垆土②	黄土③	黄土④	古土壤⑤	粉质黏土⑥	粉质黏土⑦	细中砂⑦₁
f_{ak} /kPa	140	120	140	170	160	170	240
	粉质黏土⑧	细中砂⑧₁	粉质黏土⑨	细中砂⑨₁	粉质黏土⑩	粉质黏土⑪	粉质黏土⑫
f_{ak} (kPa)	180	250	190	280	200	210	220

5.4　地基土的压缩模量

根据室内试验结果，考虑各层土的平均自重压力，计算所得的各层土上覆自重压力及由此自重压力到自重压力与附加压力之和压力段的压缩模量 E_s 值列于附表 13。使用时可按附加压力水平按附表 13 中的数据内插取值。

附表 13　压缩模量表

层号及土名	平均自重压力/kPa	附加压力/kPa					
		100	200	300	400	500	600
②黑垆土	17	3.4					
③黄土	35	3.6	3.7	3.8	3.9	4.0	
④黄土	98	6.0	6.2	6.5	6.8	7.0	
⑤古土壤	166	10.2	11.0	11.5	12.0	12.5	
⑥粉质黏土	241	11.5	11.9	12.1	12.2	13.3	
⑦粉质黏土	315	10.5	10.9	11.3	11.6	13.4	
⑦₁细中砂		30.0 *					
⑧粉质黏土	390	11.6	12.5	13.9	15.1	15.9	
⑧₁细中砂		35.0 *					
⑨粉质黏土	450	12.9	14.0	16.0	17.5	19.0	
⑨₁细中砂		35.0 *					
⑩粉质黏土	548	16.0	16.2	18.8	19.3	21.7	
11 粉质黏土	643	17.9	18.1	19.0	20.1	23.2	26.6
12 粉质黏土	739	16.3	18.1	19.7	21.3	25.3	28.9

* 注:表中砂层为变形模量,系经验值。

5.5　桩基设计参数

根据土工试验及原位测试结果,并结合周边场地已有试桩资料,综合分析确定各层地基土桩侧阻力特征值 q_{sia} 及桩端阻力特征值 q_{pa},建议按附表 14 采用。

附表 14　土层桩侧阻力特征值和桩端端阻力特征指标表

指标 \ 层名及层号		黑垆土②	黄土③	黄土④	古土壤⑤	粉质黏土⑥	粉质黏土⑦	细中砂⑦₁	粉质黏土⑧	细中砂⑧₁	粉质黏土⑨	细中砂⑨₁	粉质黏土⑩	粉质黏土⑪
灌注桩	q_{sia} (kPa)	[−10](32)17	[−10](32)15	[−10](32)22	30	26	34	40	35	42	36	45	37	37
	q_{pa} (kPa)				480	350	500	700	600	800	600	900	600	630
预制桩	q_{sia} (kPa)	18	16	23	32	29	35	41	37	43	38	50	38	38
	q_{pa} (kPa)				900	500	1 200	2 800	1 500	3300	1 800	3 800		

注:表中[]内数值为自重地段的桩侧阻力;()内数值为自重地段预处理后的桩侧阻力;带下划线部分为非自重湿陷性黄土场地地段桩侧阻力。

5.6　地基土工程性质评价

在勘探深度范围内,地基土主要由填土、黄土、古土壤、粉质黏土、粉土及砂层组成。

填土①层土质不均,不宜用作基础持力层。

黑垆土②层、黄土③层及黄土④层是该场地的主要湿陷性土层,且③层大部分具高压缩性,承载力较低,工程性质较差。

古土壤⑤层及粉质黏土⑥层呈硬塑至可塑状态,承载力相对较高,是较好的浅层复合地基持力层。

粉质黏土⑦层工程性质较好;无软弱下卧层,是短桩较好的桩端持力层;⑧层及以下各层,工程性质相对较好,是中长桩良好的桩端持力层和下卧层。

砂层性质总体高于粉质黏土,应注意粉质黏土中的砂夹层对桩基础的不均匀性影响。

6 地基基础方案

6.1 7♯~9♯、12♯、14♯、15♯楼地基基础方案

6.1.1 天然地基及复合地基可行性

拟建 7♯~9♯、12♯、14♯、15♯楼均为地上 33 层(7♯、8♯、12♯楼局部为 6~7 层,15♯楼局部为 18 层),基底荷载标准值为 560 kPa,地下均为一层,基础埋深均为−6.3 m。拟建 7♯~9♯、14♯、15♯楼位于非自重湿陷性黄土场地,地基湿陷等级均为Ⅱ级。拟建的 12♯楼位于自重湿陷性黄土场地,地基湿陷等级均为Ⅱ级。按《湿陷性黄土地区建筑标准》(GB50025—2018)的有关规定,拟建建筑均属甲类建筑,应消除地基的全部湿陷量或采用桩基础穿透全部湿陷性黄土层,或将基础设置在非湿陷性土层上。因此,天然地基不可行。

依据《高层建筑岩土工程勘察标准》(JGJ72—2017),复合地基主要适用于《高层建筑岩土工程勘察标准》(JGJ72—2017)中所规定勘察等级为乙级的高层建筑。拟建 7♯~9♯、12♯、14♯、15♯楼,楼层较高(33 层),勘察等级属甲级。采用复合地基时应进行专门研究,并须充分论证。

由于拟建建筑荷重较大,采用一般的浅层地基处理难以满足建筑物上部荷载和变形要求。根据场地地基条件分析,建议采用桩基方案。

6.1.2 桩基方案

6.1.2.1 桩型及桩端持力层的选择

根据场地地层情况,粉质黏土⑦、⑧层均存在厚度不均的砂夹层或透镜体,层面有一定起伏,砂夹层作为预制桩桩端持力层时桩长不易控制。从技术角度及施工方面综合分析,建议优先采用钻孔灌注桩方案。由于砂土易塌孔,宜选用具护壁措施的成孔工艺。

根据场地地层情况,粉质黏土⑧层及以下各层埋深适中,工程性质较好,是良好的中长桩桩端持力层。

6.1.2.2　预处理

拟建12#楼地段,黑垆土②层、黄土③、④层具自重湿陷性,其桩侧阻力为负值。为提高桩的承载力,桩基施工前,可采用挤密土桩法进行预处理,以消除土层的湿陷性,处理深度可至古土壤⑤层顶部。预处理后各土层的桩侧阻力特征值见附表15,具体数值视试桩检测结果按《建筑桩基技术规范(JGJ 94—2008)》的规定确定。

6.1.2.3　单桩承载力估算

根据附表1所列各建筑物设计参数,根据《建筑地基基础设计规范》(GB 50007—2011)有关规定,采用附表15所给定的计算参数,估算钻孔灌注桩在不同桩长、桩径的单桩承载力特征值结果见附表16。

附表16　钻孔灌注桩单桩承载力特征值表

楼号及基底标高	桩长/m	桩径/mm	桩端持力层	估算单桩承载力特征值/kN	单桩承载力特征值建议值/kN
7#楼 428.7 m	30	600	⑨	1 904～1 941	1 930
		700	⑨	2 255～2 297	2 280
		800	⑨	2 614～2 661	2 630
	35	700	⑨	2 651～2 693	2 650
		800	⑨	3 067～3 116	3 000
8#、9#楼 429.0 m	30	600	⑧、⑨	1 812～1 911	1 800
		700	⑧、⑨	2 147～2 297	2 150
		800	⑧、⑨	2 492～2 663	2 500
	35	700	⑨、⑩	2 540～2 694	2 550
		800		2 941～3 117	3 000
12#楼 428.35 m	30	600	⑨	2 024～2 040	2 000
		700	⑨	2 394～2 413	2 400
		800	⑨	2 774～2 795	2 750
	35	700	⑨	2 790～2 808	2 800
		800	⑨	3 197～3 247	3 200
14#楼 427.80 m	30	600	⑧、⑨	1 848～1 872	1 850
		700	⑧、⑨	2 189～2 217	2 200
		800	⑧、⑨	2 539～2 572	2 550
	35	700	⑨	2 584～2 613	2 600
		800	⑨	2 991～3 024	3 000

楼号及 基底标高	桩长 /m	桩径 /mm	桩端 持力层	估算单桩承载 力特征值/kN	单桩承载力 特征值建议值/kN
15#楼 427.40 m	30	600	⑨	1 857～1 883	1 850
		700	⑨	2 194～2 235	2 200
		800	⑨	2 550～2 592	2 550
	35	700	⑨	2 595～2 630	2 600
		800	⑨	3 004～3 044	3 000

注:12#楼为预处理后单桩承载力特征值估算值。

6.1.2.4　桩基沉降估算

根据某市目前同类场地、相似工程的桩基沉降观测资料分析,本拟建建筑物采用桩基础后,估算最终沉降量将不超过 50 mm。

6.1.3　7#、8#、12#楼 6～7F 单元及 15#楼 18F 单元地基基础方案

拟建的 7#、8#、15#楼场地属非自重湿陷性黄土场地,地基湿陷等级为Ⅱ级。拟建的 12#楼场地属自重湿陷性黄土场地,地基湿陷等级为Ⅱ级。按《湿陷性黄土地区建筑标准》(GB50025—2018)的有关规定,拟建 15#楼 18F 单元属乙类建筑,在非自重湿陷性黄土场地,消除地基部分湿陷量的最小处理厚度不应小于地基压缩层深度的 2/3,且下部未处理湿陷性黄土层的湿陷起始压力值不应小于 100 kPa;拟建 7#、8#、12#楼 6F 单元属丙类建筑,在非自重黄土场地,地基处理厚度不应小于 1 m,且下部未处理湿陷性黄土层的湿陷起始压力值不宜小于 80 kPa;在自重湿陷性黄土场地,地基处理厚度不应小于 2.5 m,且下部剩余湿陷量不应大于 200 mm。

为满足湿陷处理的要求及提高地基承载力,拟建 7#、8#楼及 12#楼 6～7F 单元可采用灰土挤密桩或孔内深层强夯(DDC 工法)复合地基方案,处理深度至古土壤⑤层中上部,处理厚度约为基底下 7 m,并应采取结构措施和检漏防水措施。

拟建 15#楼 18F 单元可与先采用与主楼相同的预处理方式进行预处理,然后采用 CFG 桩复合地基方案。按桩径 $\phi=400$ mm,等边三角形布桩,桩间距采用 1.2 m,桩长按 12 m 考虑;按附表 15 所列参数,根据《建筑地基处理技术规范》(JGJ79—2014)水泥粉煤灰碎石桩复合地基承载力特征值估算公式,估算得出的水泥粉煤灰碎石桩复合地基承载力特征值满足基底压力平均值的要求。

采用 CFG 桩复合地基方案应做专门设计,设计、施工前应进行复合地基实验,确定相应的设计与施工参数。复合地基承载力最终应通过载荷试验确定。

考虑到 7#、8#、12#楼 6F 单元及 15#楼 18F 单元与高层部分的整体性,拟建 7#、8#、12#楼 6F 单元及 15#楼 18F 单元也可采用与主楼相同的基础形式。

6.2　6＃、10＃、11＃、13＃楼地基基础方案

6.2.1　天然地基可行性

拟建的 6＃楼地上 30 层,基底荷载标准值为 520 kPa;拟建的 10＃楼地上 28 层,基底荷载标准值为 480 kPa;11＃、13＃楼地上分别为 22 和 19 层(局部为 6 层),基底荷载标准值为 350～390 kPa;地下均为一层,基础埋深均为－6.3 m。拟建 13＃楼位于非自重湿陷性黄土场地,地基湿陷等级为Ⅱ级。拟建的 6＃、10＃、11＃楼位于自重湿陷性黄土场地,地基湿陷等级均为Ⅱ级。

按《湿陷性黄土地区建筑标准》(GB50025—2018)的有关规定,拟建 13＃楼属乙类建筑,在非自重湿陷性黄土场地,消除地基部分湿陷量的最小处理厚度不应小于地基压缩层深度的 2/3,且下部未处理湿陷性黄土层的湿陷起始压力值不应小于100 kPa;6＃、10＃、11＃楼属甲类建筑,应消除地基全部湿陷性。因此,天然地基不可行。

由于拟建建筑荷重较大,层高较高。根据场地地基条件分析,拟建 6＃、10＃、11＃、13＃楼可采用桩基方案或 CFG 桩复合地基方案。

6.2.2　桩基方案

6.2.2.1　桩型及桩端持力层的选择

根据场地地层情况,粉质黏土⑦层中的砂夹层厚度不均,最小厚度仅 0.8 m,且层面有一定起伏,不宜用作预制桩桩端持力层。如穿过此层进入⑧层中的砂夹层作为预制桩桩端持力层时桩长不易控制。从技术角度及施工方面综合分析,建议优先采用钻孔灌注桩方案。由于砂土易塌孔,宜选用具护壁措施的成孔工艺。

根据场地地层情况,粉质黏土⑧层及以下各层埋深适中,工程性质较好,是良好的中长桩桩端持力层。

6.2.2.2　预处理

拟建 6＃、10＃、11＃楼地段,黑垆土②层、黄土③、④层具自重湿陷性,其桩侧阻力为负值。为提高桩的承载力,桩基施工前,可采用挤密土桩法进行预处理,以消除土层的湿陷性,处理深度可至古土壤⑤层顶部。预处理后各土层的桩侧阻力特征值见附表 15,具体数值视试桩检测结果按《建筑桩基技术规范(JGJ 94—2008)》的规定确定。

6.2.2.3　单桩承载力估算

根据附表 1 所列各建筑物设计参数,根据《建筑地基基础设计规范》(GB50007—2011)有关规定,采用附表 15 所给定的计算参数,估算钻孔灌注桩在不同桩长、桩径的单桩承载力特征值结果见附表 17。

附表 17　钻孔灌注桩单桩承载力特征值表

楼号及基底标高	桩长/m	桩径/mm	桩端持力层	估算单桩承载力特征值/kN	单桩承载力特征值建议值/kN
6#楼 428.2 m	30	600	⑨	2 025～2 045	2 030
		700	⑨	2 388～2 422	2 400
	35	800	⑨	2 776～2 802	2 800
		700	⑨	2 792～2 814	2 800
		800	⑨	3 228～3 254	3 250
10#楼 429.0 m	25	600	⑧	1 656～1 690	1 650
		700	⑧	1 965～2 005	2 000
		800	⑧	2 321～2 383	2 350
	30	600	⑧、⑨	1 987～2 020	2 000
		700	⑧、⑨	2 351～2 390	2 350
		800	⑧、⑨	2 725～2 769	2 750
11#楼 428.7 m	25	600	⑧	1 661～1 679	1 650
		700	⑧	1 971～1 992	1 980
		800	⑧	2 290～2 315	2 300
	30	600	⑧、⑨	1 994～2 009	2 000
		700	⑧、⑨	2 341～2 377	2 350
		800	⑧、⑨	2 734～2 755	2 750
13#楼 428.05 m	25	600	⑧	1 544～1 579	1 550
		700	⑧	1 834～1 875	1 850
		800	⑧	2 134～2 180	2 150
	30	600	⑧、⑨	1 879～1 912	1 900
		700	⑧、⑨	2 225～2 263	2 250
		800	⑧、⑨	2 581～2 624	2 600

注:6#、10#、11#楼为预处理后单桩承载力特征值估算值。

6.2.2.4　桩基沉降估算

根据某市目前同类场地、相似工程的桩基沉降观测资料分析,本拟建建筑物采用桩基础后,估算最终沉降量将不超过 50 mm。

6.2.3　CFG 桩复合地基方案

拟建 6#、10#、11# 及 13# 楼也可采用 CFG 桩复合地基方案。当采用 CFG 桩复合地基方案时,可先采用挤密土桩法进行预处理,以消除土层的湿陷性,处理深度可至古土壤⑤层顶部。

根据场地地层条件,拟建 6♯楼按桩径 $\phi=400$ mm,等边三角形布桩,桩间距采用 1.2 m,桩长按 18 m 考虑;拟建 10♯楼按桩径 $\phi=400$ mm,等边三角形布桩,桩间距采用 1.2 m,桩长按 15 m 考虑;拟建 11♯及 13♯楼按桩径 $\phi=400$ mm,等边三角形布桩,桩间距采用 1.2 m,桩长按 12 m 考虑;按附表 15 所列参数,根据《建筑地基处理技术规范》(JGJ79—2012)水泥粉煤灰碎石桩复合地基承载力特征值估算公式,估算得出的水泥粉煤灰碎石桩复合地基承载力特征值满足基底压力平均值的要求。

采用 CFG 桩复合地基方案应做专门设计,设计、施工前应进行复合地基试验,确定相应的设计与施工参数。

无论采用哪种方案,地基的设计、施工与质量检测应符合有关规范、规程、标准的规定。复合地基承载力特征值应通过现场静载荷试验最终确定,并根据最终确定的基础型式、基础尺寸和基底压力进行持力层、下卧层的强度验算及变形验算。

6.2.4　11♯、13♯楼 6F 单元地基基础方案

拟建的 13♯楼场地属非自重湿陷性黄土场地,地基湿陷等级为Ⅱ级。拟建的 11♯楼场地属自重湿陷性黄土场地,地基湿陷等级为Ⅱ级。按《湿陷性黄土地区建筑标准》(GB50025—2018)的有关规定,上述拟建建筑属丙类建筑,在非自重黄土场地,地基处理厚度不应小于 1 m,且下部未处理湿陷性黄土层的湿陷起始压力值不宜小于 80 kPa;在自重湿陷性黄土场地,地基处理厚度不应小于 2.5 m,且下部剩余湿陷量不应大于 200 mm。

为满足湿陷起始压力的要求及提高地基承载力,拟建 11♯及 13♯楼 6F 单元可采用灰土挤密桩或孔内深层强夯(DDC 工法)复合地基方案,处理深度至古土壤⑤层中上部,处理厚度约为基底下 7 m,并应采取结构措施和检漏防水措施。

考虑到 11♯及 13♯楼 6F 单元与高层部分的整体性,拟建 11♯及 13♯楼 6F 单元也可采用与主楼相同的基础形式。

6.3　商业裙房及地下车库地基基础方案

6.3.1　商业裙房地基基础方案

拟建的 15♯楼商业裙房为地上 1 层,8♯、9♯之间商业裙房,地上 2 层,基础埋深为−1.0 m,所处地段场地属非自重湿陷性黄土场地,地基湿陷等级为Ⅱ级。按《湿陷性黄土地区建筑标准》(GB50025—2018)的有关规定,上述拟建建筑属丙类建筑,对于单层建筑,地基处理厚度不应小于 1 m,且下部未处理湿陷性黄土层的湿陷起始压力值不宜小于 80 kPa。对于 2 层建筑,地基处理厚度不宜小于 2 m,且下部未处理湿陷性黄土层的湿陷起始压力值不宜小于 100 kPa。

为满足湿陷处理的要求及提高地基承载力,拟建商业裙房可采用灰土挤密桩或

孔内深层强夯(DDC 工法)复合地基方案,处理深度至黄土④层中下部,处理厚度约为基底下 8 m,并应采取结构措施和检漏防水措施。

6.3.2 地下车库地基基础方案

拟建地下车库,地下一层,基础埋深为 4.5 m,基底荷载标准值为 150 Pa,场地划分为非自重湿陷性黄土场地与自重湿陷性黄土场地,地基湿陷等级均为Ⅱ级。按《湿陷性黄土地区建筑标准》(GB50025—2018)的有关规定,上述拟建建筑属丙类建筑,在非自重段,地基处理厚度不应小于 1 m,且下部未处理湿陷性黄土层的湿陷起始压力值不宜小于 80 kPa;在自重地段,地基处理厚度不小于 2.5 m,且下部未处理湿陷性黄土层的剩余湿陷量,不应大于 200 mm。

为提高承载力、满足湿陷起始压力及剩余湿陷量的要求,地下车库可采用灰土挤密桩或孔内深层强夯(DDC 工法)复合地基方案,非自重地段与自重地段处理深度均至黄土④层中下部,处理厚度约为基底下 6~7 m,并应采取结构措施和检漏防水措施。

无论采用哪种地基方案,其设计、试验施工与检测均应按有关规范严格执行。

7 基础施工中的主要岩土工程问题

7.1 基坑开挖与支护

拟建建筑基础埋深为 5~6 m,基坑开挖深度在现地面下 5 m 左右。建议基坑开挖时采取必要的支护措施并进行专门设计,可采用土钉墙等支护方案,设计所需参数见附表 5。若采用放坡开挖,放坡坡率可按如下采用:

填　土①　1:0.75

黑垆土②　1:0.4

黄　土③　1:0.5

黄　土④　1:0.5

拟建建筑物施工期间,应加强用水管理,做好坡面防护及基坑周围地面的排水工作,防止水浸泡边坡土体和地基。基坑周围不宜堆载,当需堆载时应在护坡设计中予以考虑。

7.2 地基试验与检测

本工程地基试验与检测主要有两个方面。一是复合地基检测,处理后地基承载力特征值是否达到了设计要求;二是桩基检测,单桩竖向承载力特征值应通过现场静载荷试验确定,在同一条件下的试桩数量不宜少于总桩数的 1‰,且不应少于 3 根;工程桩施工完成后应按规范规定进行成桩质量与承载力的检测。

7.3 沉降及变形观测

建筑物施工与使用期间,建议按规范要求进行系统的沉降观测工作,直至沉降及变形稳定为止。

7.4　桩基施工对环境的影响

当采用钻孔灌注桩时,会产生大量的泥浆污染物,对泥浆的处理和外运必须采取有效措施,以免污染环境和地下水。同时预处理及 CFG 复合地基施工时的施工噪音会对周围居民生活造成影响,应合理安排施工时间段。

8　结论及建议

(1)拟建场地勘探深度范围内地基土主要由填土、黄土、古土壤、粉质黏土及砂层组成。地貌单元属二级洪积台地。

(2)可不考虑该市地裂缝对拟建建筑物的影响,拟建场地未发现不良地质作用或地质灾害,场地稳定,适宜建筑。

(3)9~10 月勘察期间,实测地下水稳定水位埋深为 14.50~19.80 m,相应的水位标高为 412.80~416.47 m。6~8 月勘察期间,实测地下水稳定水位埋深为 15.50~19.70 m,相应的水位标高为 412.82~416.92 m。属潜水类型。

(4)拟建 6♯、10♯、11♯、12♯楼及附近地下车库场地按自重湿陷性黄土场地对待,其余建筑及附近地下车库按非自重湿陷性黄土场地对待;所有建筑地基湿陷等级均可按Ⅱ级(中等)设防。

(5)本场地地下水和水位以上地基土对混凝土结构、钢筋混凝土结构中的钢筋均具微腐蚀性。

(6)拟建场地建筑场地类别属Ⅱ类,属可进行建设的一般场地,可不考虑地基土的地震液化问题。

(7)地基土承载力特征值 f_{ak} 及变形指标、桩基设计参数可按附表 13、附表 14、附表 15 中建议的值采用。

(8)地基基础方案的分析见本附录第 6 部分。

(9)拟建建筑基础施工中的岩土工程问题分析、评价详见本附录第 7 部分。

(10)当拟建建筑物基底标高最终确定后,若与本报告中计算时采用的值不符时,应对相关问题的评价进行复核。

(11)拟建场地标准冻结深度小于 0.6 m。

(12)基坑开挖后应按有关规定进行验槽工作,发现问题及时会同有关各方研究处理。

(13)此勘察文件须按照相关规定经施工图审查机构审查合格后方可作为设计依据。

参考文献

[1] 高向阳.土工试验原理与操作[M].北京:北京大学出版社,2013:50-58.

[2] 温淑莲.张庆洪,葛颜慧,等.土工试验与原位测试[M].北京:人民交通出版社,2019:180-185.

[3] 卢军燕.土工试验实训教程[M].郑州:黄河水利出版社,2014:10-20.

[4] 昌永红.土工试验指导[M].北京:人民交通出版社,2017:80-82.

[5] 肖春平.土工试验指导及试验报告[M].成都:西南交通大学出版社,2013:50-62.

[6] 覃倬.地基土浅层平板载荷试验实例分析[J].建材与装饰,2018(26):46-48.

[7] 卢珊珊.地基基础桩承载力检测方法初探[J].黑龙江科学,2017(21):82-83.

[8] 周武.超声波透射法在建筑桩基缺陷检测中的应用[J].科学技术创新,2021(26):159-163.

[9] 苏建辉.析超声波透射法检测钻孔灌注桩技术[J].黑龙江交通科技,2020(10):212-215.

[10] 向子明.基于超声波透射法的大直径桩基缺陷检测研究[J].公路与汽运,2020(5):129-133.